黄河上中游天然林

保护修复效益监测国家报告

■ 国家林业和草原局 著

中国林业出版社

图书在版编目（CIP）数据

黄河上中游天然林保护修复效益监测国家报告 / 国家林业和草原局著 . -- 北京：
中国林业出版社，2022.10

ISBN 978-7-5219-1785-7

Ⅰ.①天… Ⅱ.①国… Ⅲ.①黄河流域—天然林—森林保护—生态效应—监测—
研究报告 Ⅳ.① S718.55

中国版本图书馆 CIP 数据核字（2022）第 132922 号

审图号：GS 字（2022）0163 号

策划编辑：刘家玲
责任编辑：甄美子
书籍设计：北京美光设计制版有限公司
出版咨询：（010）83143616

出版发行：中国林业出版社
　　　　　（100009，北京市西城区刘海胡同7号，电话 83223120）
电子邮箱：cfphzbs@163.com
网　　址：www.forestry.gov.cn/lycb.html
印　　刷：北京中科印刷有限公司
版　　次：2022年10月第1版
印　　次：2022年10月第1次印刷
开　　本：889mm×1194mm　1/16
印　　张：13
字　　数：290千字
定　　价：120.00元

项目名称

黄河上中游天然林保护修复效益监测国家报告

项目主管单位

国家林业和草原局生态建设工程管理中心

项目实施单位

中国林业科学研究院森林生态环境与自然保护研究所
国家林业和草原局发展研究中心

支持机构与项目基金：

中国森林生态系统定位观测研究网络（CFERN）
典型林业生态工程效益监测评估国家创新联盟
国家林业和草原局"黄河流域天然林保护工程生态效益评估"专项资金
中国林业科学研究院基本科研业务费专项资金课题：天然林保护工程生态效益监测评估及示范（CAFYBB2020ZD002-2）

天然林是生态功能最完善、生物多样性最丰富的森林，在防止水土流失，遏制土地沙化，减轻自然灾害等方面，其作用更是明显。从林业建设本身来讲，保护和发展天然林资源，对于防治森林病虫害，预防森林火灾发生和蔓延，也都有十分重要的作用。

1998年长江流域发生特大洪灾后，中共中央、国务院下发《关关于灾后重建、整治江湖、兴修水利的若干意见》（中发98〔15〕号），提出"全面停止长江黄河上中游的天然林采伐，森工企业转向营林管护"。为此，原国家林业局在试点的基础上，对《重点国有林区天然林资源保护工程实施方案》作了进一步调整和补充，将长江黄河上中游地区部分地方森工企业和国有林场纳入了工程实施范围。2000年12月，经国务院批准，多部委联合印发了《长江上游、黄河上中游地区天然林资源保护工程实施方案》和《东北、内蒙古等重点国有林区天然林资源保护工程实施方案》（林计发〔2000〕661号），启动了天然林资源保护工程（简称"天保工程"），通过天然林禁伐、分流安置富余职工等措施，实现天然林休养生息，促进林区恢复发展。

2019年10月15日，习近平总书记在黄河流域生态保护和高质量发展座谈会上的讲话中提道："黄河是中华民族的母亲可。我一直很关心黄河流域的生态保护和高质量发展。党的十八大以来，我多次实地考察黄河流域生态保护和发展情况，多次就三江源、祁连山、秦岭等重点区域生态保护建设提出要求。"总书记还提出了关于黄河流域生态保护和高质量发展问题的若干意见。

黄河上中游天然林保护修复在黄河流域生态保护和高质量发展目标中担任怎样的角色，尚未有翔实的数据支撑。为向国家和人民交出一份答卷，国家林业和草原局生态建设工程管理中心启动了"黄河上中游天然林保护修复效益监测"研究工作，以期揭示黄河上中游天然林保护修复对黄河流域生态保护以及社会经济发展所起到的重要作用，为黄河全流域横向生态补偿机制提供数据支撑，推动生态环境领域国家治理体系和治理能力建设。

本报告分为上、下两篇，其中，上篇为生态效益监测评估，基于黄河上中游天然林保护修复生态系统服务连续观测与清查体系，采用长期定位观测和分布式测算评估方法，从物质量和价值量两个方面，对涵养水源、保育土壤、固碳释氧、林木养分固持、净化大气环境和生物多样性保护等6项功能进行了评估；下篇为社会经济监测评估，以监测样本区域（县、国有林业单位）为对象，结合黄河上中游天然林保护修复发展实践，在指标内容、分层以及权重设计等方面采取功效系数法进行了评估。评估结果显示：

（1）黄河上中游天然林保护修复生态效益总价值在天然林保护修复实施前、实施后分别为6936.96亿元/年和118880.84亿元/年，期间生态效益年总价值增加了4943.88亿元，较天然林保护修复实施前增长幅度为71.27%。天然林保护修实施后生态效益总价值量相当于全国天然林保护修复总投资的3余倍（截至2019年，总投资为3277.96亿元）。其中：涵养水源功能（绿色水库）、保育土壤功能、固碳释氧功能（绿色碳库）、林木养分固持功能、净化大气环境功能（净化环境氧吧库）和生物多样性保护功能（绿色基因库）价值量分别为3391.61亿元/年、2154.62亿元/年、800.81亿元/年、253.14亿元/年、1946.55亿元/年、3334.11亿元/年。各项生态功能价值量所占比例大/小排序为：涵养水源功能（28.55%）、生物多样性保护功能（28.06%）、保育土壤功能（18.14%）、净化大气环境功能（16.38%）、固碳释氧功能（6.74%）、林木养分固持功能（2.13%）。

（2）黄河上中游天然林保护修复样本县社会效益得分83.08分，评价为"良好"。其中，人口和就业指标得分84.83分，指标评价为"良好"；生活方式指标得分60分，指标评价为"合格"，基础设施建设指标得分84分，指标评价为"良好"。

（3）黄河上中游天然林保护修复样本县经济发展变化得分69.68分，评价为"合格"。其中，产值得分67.90分，指标评价为"合格"；负债得分68.35分，指标评价为"合格"；工资得分76.13分，指标评价为"合格"。

随着黄河上中游天然林保护修复的实施，黄河流域的"绿水青山"得到进一步保护和发展，内生态、社会、经济效益得以稳定发挥，生态保护修复和社会经济并重发展，区域生态环境得以较大改善，生态承载力极大提升，为加强黄河流域生态保护、促进黄河流域高质量发展、保障黄河长治久安奠定了基础、注入了动力。同时，黄河上中游天然林保护修复生态效益的精准化评估，以及社会经济发展状况的科学化评价，为黄河上中游自然资源领域生态产品价值实现多元化路径设计奠定了基础。

编辑委员会

2022年7月

目　录

下　篇　社会经济效益报告

第十四章　样本区工程进展及社会经济发展状况

第十五章　监测结果

第十六章　政策建议

上 篇

生态效益报告

第一章

黄河上中游天然林保护修复
生态连清体系

黄河上中游天然林保护修复生态系统服务监测评估基于黄河上中游天然林保护修复生态系统服务连续观测与清查体系（图1-1），以生态地理区划为单位，依托国家现有森林生态系统国家定位观测研究站（简称"森林生态站"）和该区域其他辅助监测点，采用长期定位观测和分布式测算方法，定期对黄河上中游天然林保护修复生态系统服务进行全指标体系观测与清查，并与本评估区域森林资源连续清查数据相耦合，评估天然林保护修复实施前后黄河上中游天然林保护修复生态系统服务及动态变化。

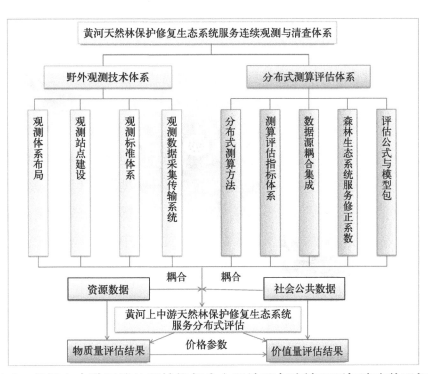

图1-1　黄河上中游天然林保护修复生态系统服务连续观测与清查体系框架

1.1 野外观测技术体系

1.1.1 天然林保护修复生态功能监测与评估区划布局

生态功能区的划分是依据评估区的生态环境特点，根据温度、水分、植被、地形等情况划分成相对均匀较小的区域（Omernik，1995；Liu and Fu，1998）。生态功能区是宏观生态系统地理地带性的客观呈现，通常需要在掌握了比较丰富的生态地理现象和事实，了解了区域生态地理过程、地表自然界限的地域分异规律，在恰当的原则和方法等基础上完成生态功能区划。生态功能区划与气候、地貌、生态过程、水热平衡、土壤侵蚀、土地利用等有着密切的关系（杨勤业和郑度，2002）。

1.1.1.1 区划背景及目的

从新中国成立初期到现在，我国在不同的历史时期，根据不同的研究目的，产生了多种不同的区划方案，其中较典型的区划方案主要有中国综合自然区划（黄秉维，1965）、中国植被区划（吴征镒，1980）、中国森林区划（吴中伦，1997）、中国生态地理区域系统（郑度，2008）、国务院发布的国家重点生态功能区（中华人民共和国，2010）、中国县域生态功能区划（张昌顺，2012）等。

中国综合自然区划的目的是在不违反自然规律的前提下，为布置农林牧业生产和建设提供参考。中国植被区划的目的在于供有关科研、教学和生产等方面参考。中国森林区划主要为林业的经营管理和关键技术提供依据。中国生态地理区域系统有利于探讨环境变化对我国自然环境和社会经济的可能影响及响应，为达到预警、调节和减少不良影响提供科学的宏观区域框架。

尽管各个区划方案的产生背景不同，区划的目的和对象不同，但每个区划都是在对以往研究成果的系统总结和全面分析的基础上对生态环境地域分异规律的更深入认识，使生态保护工作由经验型向科学型、定性型向定量型、传统型向现代型管理转变，为生态环境保护政策的制定提供了依据（宋小叶等，2016），它们都将在一定时期内指导生产与建设，在区域生态环境和资源管理中发挥重要作用。黄河上中游天然林保护修复生态功能监测与评估区的划分目的也是在深入了解黄河上中游地区实际地域分异规律的基础上，更好地指导该区天然林资源的保护与管理。

1.1.1.2 区划原则

以上述及的区划，均属于国家尺度的针对一定目的完成的区划。因此，具有相同的划分原则，都遵循逐级分区、主导因素、地带性规律和空间连续性等原则。根据温度、水分、土壤等主导因子的影响逐级分区，同时根据划分目标的地带性特征完成区划。同样，黄河上中游天然林保护修复生态功能监测与评估区的划分原则也都遵循上述相关原则。

1.1.1.3　区划指标

指标体系是生态区划的核心内容，确定具体的区划指标是国内外研究的热点和难点问题（郑度等，2005）。中国综合自然区划和中国地理区域系统的第一级指标均为温度；中国综合自然区划二级指标为土壤和植被，三级指标为地形；中国地理区域系统的二级指标则为水分，三级指标为土壤、植被和地形等综合因素。中国森林区划划分指标为地形和林区；国家重点生态功能区和生物多样性保护优先区则是根据生态功能类型进行划分。

黄河上中游天然林保护修复区的自然条件不尽相同，对生态功能监测与评估区划分时其主要的指标为：中国生态地域划分中的温度和水分指标（郑度，2008）、中国植被分区中的植被区划指标（张新时，2007）、我国土壤侵蚀指标等。因此，黄河上中游天然林保护修复生态功能监测与评估区划分的指标分为4个等级，分别为温度、水分、植被和土壤侵蚀。

1.1.1.4　数据来源及处理

黄河上中游天然林保护修复生态功能监测与评估区划分的数据主要包括：国家林业和草原局网站发布的全国天然林保护修复实施范围；《中国生态地理区域系统研究》中的温度和水分分布图（郑度，2008）；《中国植被》中的植被图（张新时，2007）；《中国土壤侵蚀区划》中的土壤侵蚀图（编制全国土壤侵蚀图技术组）。

依据上述数据源，通过统一定义投影，进行几何纠正并矢量化，分别获得全国天然林保护修复实施范围图层、中国不同区域温度和水分分布图层、中国植被分布图层、中国土壤侵蚀分布图层。最后，分别截取各自处于黄河流域的相应图层以便后续生成生态功能监测与评估区。

将黄河上中游天然林保护修复区温度和水分分布图层与植被分布图层进行GIS空间叠加，合并相同属性后，得出黄河上中游天然林保护修复区气候带–植被分布（图1-2），共划分为18个区（ⅠA：暖温带太行山落叶阔叶林及松侧柏林区；ⅠB：暖温带吕梁山落叶阔叶林及松侧柏林区；ⅠC：暖温带黄龙山落叶阔叶林及松侧柏林区；ⅠD：暖温带六盘山—子午岭落叶阔叶及松侧柏林区；ⅠE：暖温带黄土高原散生林区；ⅠF：暖温带华北平原散生林区；ⅡA：亚热带秦岭—大巴山落叶常绿阔叶混交林区；ⅢA：青藏高原温带岷山—邛崃山—凉山云杉冷杉林区；ⅢB：青藏高原温带川西北云杉冷杉林区；ⅢC：青藏高原温带藏东南云杉冷杉林区；ⅣA：温带阴山落叶阔叶、针叶、灌丛草原区；ⅣB：温带贺兰山针叶落叶阔叶林区；ⅣC：温带内蒙古东部森林草原区；ⅣD：温带鄂尔多斯高原草原及平原农田林网区；ⅤA：西北荒漠灌草区阿拉善半灌木半荒漠区；ⅥA：青藏高原高寒植被区柴达木盆地荒漠半荒漠区；ⅥB：青藏高原高寒植被区祁连山针叶林区；ⅥC：青藏高原高寒植被区江河源草原草甸区）。再与黄河上中游天然林保护修复区的土壤侵蚀图层（图1-3）进行空间叠加，合并相同属性后得出25个区划（ⅠA-1、ⅠB-1、

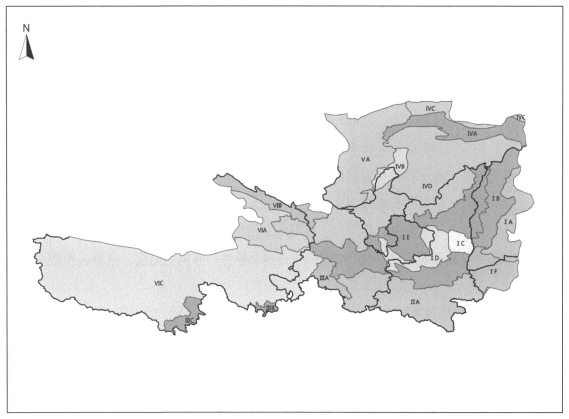

图1-2 黄河上中游天然林保护修复区气候带–植被分布

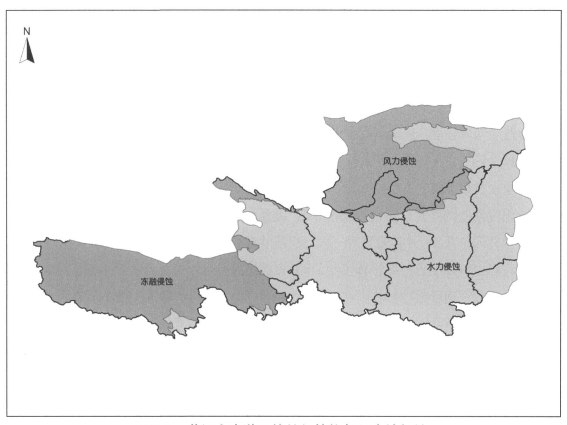

图1-3 黄河上中游天然林保护修复区土壤侵蚀

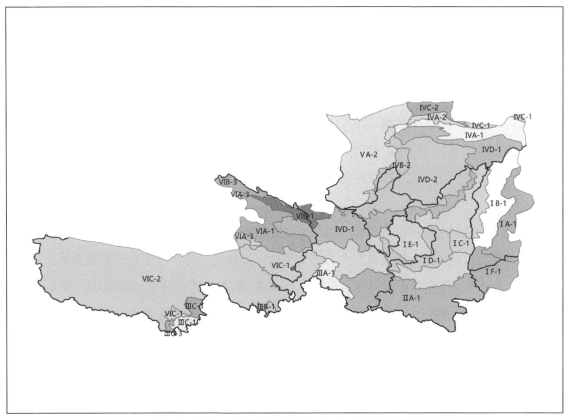

图1-4　黄河上中游天然林保护修复生态功能监测与评估区划

ⅠC-1、ⅠD-1、ⅠE-1、ⅠF-1、ⅡA-1、ⅢA-1、ⅢB-1、ⅢC-1、ⅢC-3、ⅣA-1、ⅣA-2、ⅣB-2、ⅣC-1、ⅣC-2、ⅣD-1、ⅣD-2、ⅤA-2、ⅥA-1、ⅥA-3、ⅥB-1、ⅥB-3、ⅥC-1和ⅥC-2，图1-4），即为黄河上中游天然林保护修复生态功能监测与评估区划。

1.1.1.5　区划结果

本报告起草团队和黄河上中游天然林保护修复区相关部门进行了大量的前期工作，包括科学规划、站点设置、合理性评估等。在此基础上，对黄河上中游天然林保护修复进行生态功能监测与评估区划分。

最终将黄河上中游天然林保护修复覆盖区域划分为ⅠA-1：太行山落叶阔叶林及松侧柏林半湿润水蚀区；ⅠB-1：吕梁山落叶阔叶林及松侧柏林半干旱水蚀区；ⅠC-1：黄龙山落叶阔叶林及松侧柏林半湿润水蚀区；ⅠD-1：六盘山—子午岭落叶阔叶林及松侧柏林半湿润水蚀区；ⅠE-1：黄土高原散生林半湿润水蚀区；ⅠF-1：华北平原散生林半湿润水蚀区；ⅡA-1：秦岭—大巴山落叶常绿阔叶混交林湿润水蚀区；ⅢA-1：岷山—邛崃山—凉山云杉冷杉林湿润/半湿润水蚀区；ⅢB-1：川西北云杉冷杉林湿润/半湿润水蚀区；ⅢC-1：藏东南云杉冷杉林湿润/半湿润水蚀区；ⅢC-3：藏东南云杉冷杉林湿润/半湿润冻融侵蚀区；ⅣA-1：阴山落叶阔叶针叶灌丛草原干旱/半干旱水蚀区；ⅣA-2：阴山落叶阔叶针

叶灌丛草原干旱/半干旱风蚀；ⅣB-2：贺兰山针叶落叶阔叶林半干旱风蚀区；ⅣC-1：内蒙古东部散生林干旱/半干旱水蚀区；ⅣC-2：内蒙古东部散生林干旱/半干旱风蚀区；ⅣD-1：鄂尔多斯高原散生林干旱/半干旱水蚀区；ⅣD-2：鄂尔多斯高原散生林干旱/半干旱风蚀区；ⅤA-2：阿拉善半灌木半荒漠干旱风蚀区；ⅥA-1：柴达木盆地荒漠半荒漠干旱水蚀区；ⅥA-3：柴达木盆地荒漠半荒漠干旱冻融侵蚀区；ⅥB-1：祁连山针叶林干旱/半干旱水蚀区；ⅥB-3：祁连山针叶林干旱/半干旱冻融侵蚀区；ⅥC-1：江河源草原草甸半湿润/半干旱水蚀区；ⅥC-2：江河源草原草甸半湿润/半干旱冻融区。

1.1.2 天然林保护修复生态效益监测站布局与建设

野外观测技术体系是构建黄河上中游天然林保护修复生态连清体系的重要基础，为了做好这一基础工作，需要考虑如何构建观测体系布局。森林生态站与黄河流域各类林业监测点作为黄河上中游天然林保护修复生态系统服务监测的两大平台，在坚持"统一规划、统一布局、统一建设、统一规范、统一标准，资源整合，数据共享"的原则下进行建设。

森林生态系统服务连续观测与清查技术（简称"森林生态连清"）是以生态地理区划为单位，以国家现有森林生态站为依托，采用长期定位观测技术和分布式测算方法，定期对同一森林生态系统进行重复观测与清查的技术，它可以配合国家森林资源连续清查，形成国家森林资源清查综合查新体系。用以评价一定时期内森林生态系统的质量状况，进一步了解森林生态系统的动态变化。

森林生态站作为黄河上中游天然林保护修复生态效益监测站，与天然林保护修复生态效益专项监测站发挥着同等重要的作用，且目前有些森林生态站已经将天然林保护修复生态效益作为主要监测目标之一。目前的森林生态站和辅助站点在布局上能够充分体现区位优势和地域特色，兼顾了森林生态站布局在国家和地方等层面的典型性和重要性，目前已形成层次清晰、代表性强的森林生态站网，可以负责相关站点所属区域的森林生态连清工作。

森林生态站网络布局是以典型抽样为指导思想，以全国水热分布和森林立地情况为布局基础，选择具有典型性、代表性和层次性明显的区域完成森林生态网络布局。首先，依据《中国森林立地区划图》和《中国地理区域系统》两大区划体系完成中国森林生态区，并将其作为森林生态站网络布局区划的基础。同时，结合重点生态功能区、生物多样性优先保护区，量化并确定我国重点森林生态站的布局区域。最后，将中国森林生态区和重点森林生态站布局区域相结合，作为森林生态站的布局依据，确保每个森林生态区内至少有一个森林生态站，区内如有重点生态功能区，则优先布设森林生态站。

黄河上中游天然林保护修复区内的森林生态站主要有分布在青海省的大渡河源森林生态站（果洛州）、祁连山南坡森林生态站（海东地区）；甘肃省的白龙江森林生态站（甘南州）、小陇山森林生态站（天水市）、兴隆山森林生态站（兰州市）；宁夏回族自治区的贺兰山森林生态站（银川市）、六盘山森林生态站（固原市）、吴忠森林生态站（吴忠市）；陕西省的黄龙山森林生态站（延安市）、秦岭森林生态站（安康市）；内蒙古自治区的大青山森林生态站（呼和浩特市）、鄂尔多斯森林生态站（鄂尔多斯市）；山西省的吉县森林生态站（临汾市）、太岳山森林生态站（长治市）；河南省的小浪底森林生态站（济源市）、宝天曼森林生态站（南阳市）、宁夏白芨滩灌木林生态站（灵武市）。此外，将分布在工程区周围的生态站也纳入进来，例如：祁连山森林生态站、河西走廊森林生态站、龙门山森林生态站和大巴山森林生态站等。最后，将黄河流域内中国科学院、西北农林大学等科研院所和高校建设的辅助监测站点、固定样地（2000多个）、实验基地纳入到监测体系内。

> 森林生态系统定位观测研究站（简称"森林生态站"）是通过在典型森林地段、建立长期观测点与监测样地，对森林生态系统的组成、结构、生产力、养分循环、水循环和能量利用等在自然状态下或某些人为活动干扰下的动态变化格局与过程进行长期定位观测，阐明森林生态系统发生、发展、演替的内在机制和自身的动态平衡，以及参与生物地球化学循环过程的长期定位观测站点。

借助上述森林生态站以及辅助监测点，可以满足黄河上中游天然林保护修复生态效益监测和科研需求。随着政府对生态环境建设认识的不断发展，必将建立起黄河上中游天然林保护修复生态效益监测的完备体系，为科学全面地评估黄河上中游天然林保护修复建设成效奠定坚实的基础。同时，通过各森林生态系统服务监测站点作用长期、稳定的发挥，必将为健全和完善国家生态监测网络，特别是构建完备的林业及生态建设监测评估体系做出重大贡献。

黄河上中游天然林保护修复生态系统服务监测站点分布，如图1-5所示。

1.1.3 天然林保护修复生态效益监测评估标准体系

黄河上中游天然林保护修复生态连清及价值评估所依据的标准体系如图1-6所示，包含了从森林生态系统服务监测站点建设到观测指标、观测方法、数据管理乃至数据应用各个阶段的标准。黄河上中游天然林保护修复生态效益监测站点建设、观测指标、观测方法、数据管理及数据应用的标准化保证了不同监测站点所提供黄河上中游天然林保护修复生态连清数据的准确性和可比性，为黄河上中游天然林保护修复生态效益评估的顺利进行提供了保障。

图1-5 黄河上中游天然林保护修复生态效益监测站点分布

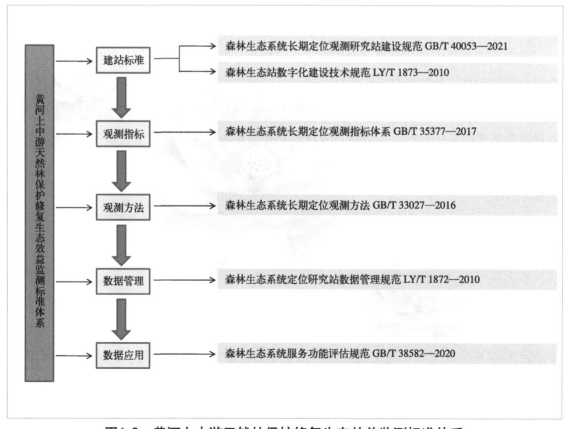

图1-6 黄河上中游天然林保护修复生态效益监测标准体系

1.2 分布式测算评估体系

1.2.1 分布式测算方法

分布式测算源于计算机科学，是研究如何把一项整体复杂的问题分割成相对独立运算的单元，并将这些单元分配给多个计算机进行处理，最后将计算结果综合起来，统一合并得出结论的一种科学计算方法（Niu and Wang，2014）。分布式测算方法已经被用于使用世界各地成千上万志愿者的计算机的闲置计算能力，来解决复杂的数学问题（如GIMPS搜索梅森素数的分布式网络计算）和研究寻找最为安全的密码系统（如RC4等）。分布式测算是一种廉价、高效、维护方便的计算方法。

黄河上中游天然林保护修复生态效益评估是一项非常庞大、复杂的系统工程，很适合划分成多个均质化的生态测算单元来开展评估。因此，分布式测算方法是目前评估森林生态系统服务所采用的较为科学有效的方法。并且，通过连续3次全国森林生态系统服务评估、6次退耕还林工程生态效益监测国家报告、1次天然林保护修复生态效益监测国家报告和许多省级尺度的评估实践已经证实，分布式测算方法能够保证结果的准确性及可靠性。

黄河上中游天然林保护修复生态效益评估分布式测算方法为：①按照各省级行政区划分成7个一级测算单元；②每个一级测算单元再按照优势树种组划分成26个二级测算单元；③每个二级测算单元按照不同起源划分为天然林和人工林2个三级测算单元；④每个三级测算单元按照林龄组划分为幼龄林、中龄林、近熟林、成熟林、过熟林5个四级测算单元。最后，结合不同立地条件的对比观测，确定1124个相对均质化的生态服务评估单元（图1-7）。由于本报告对天然林保护修复实施前后的生态效益进行了评估，则最终确定的相对均质化生态效益评估单元个数为2248个。

基于生态系统尺度的定位实测数据，运用遥感反演、模型模拟等技术手段，进行由点到面的数据尺度转换，将点上实测数据转换至面上测算数据，得到各生态系统服务评估单元的测算数据；以上均质化的单元数据累加的结果即为黄河上中游天然林保护修复评估区域生态效益测算结果。

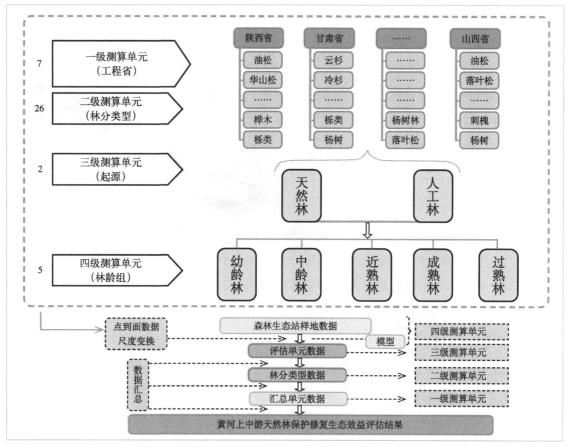

图1-7　黄河上中游天然林保护修复生态效益评估分布式测算方法

1.2.2　监测评估指标体系

　　森林是陆地生态系统的主体，其生态服务功能体现于生态系统和生态过程所形成的有利于人类生存与发展的生态环境条件与效用（唐佳等，2010）。如何真实地反映森林生态系统服务功能的效果，监测评估指标体系的建立非常重要。

　　在满足代表性、全面性、简明性、可操作性以及适应性等原则的基础上，依据国家标准GB/T 38582-2020，本次评估选取的监测评估指标体系主要包括涵养水源、保育土壤、固碳释氧、林木养分固持、净化大气环境、生物多样性保护等6项功能20个指标（图1-8）。此次报告将黄河上中游天然林保护修复森林吸滞TSP、PM_{10}、$PM_{2.5}$从净化大气环境的滞尘指标中分离出来，进行了单独评估，使得整个评估结果更加具有针对性和全面性。其中，降低噪音指标的监测评估方法尚未成熟，因此本报告未涉及这些功能的评估。基于同样的原因，在吸收污染物指标中不涉及吸收重金属的功能评估。

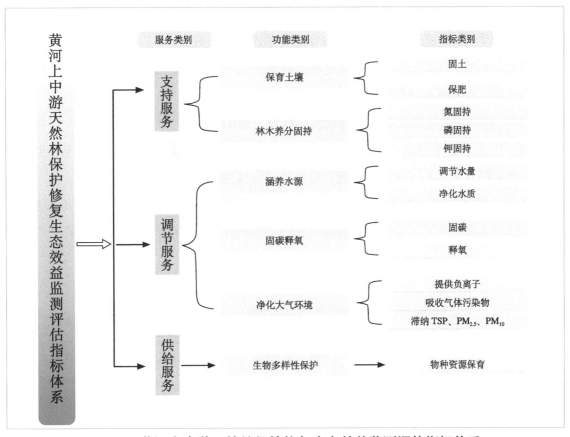

图1-8　黄河上中游天然林保护修复生态效益监测评估指标体系

1.2.3 数据源耦合集成

黄河上中游天然林保护修复生态效益评估分为物质量和价值量两大部分。物质量评估所需数据来源于黄河上中游天然林保护修复生态连清数据集和黄河上中游天然林保护修复区森林资源连清数据集；价值量评估所需数据除上述两个数据来源外还包括社会公共数据集。

　　物质量评估主要是对生态系统提供服务的物质数量进行评估，即根据不同区域、不同生态系统的结构、功能和过程，从生态系统服务功能机制出发，利用适宜的定量方法确定生态系统服务功能的质量、数量。物质量评估的特点是评价结果比较直观，能够比较客观地反映生态系统的过程，进而反映生态系统的可持续性。

　　价值量评估主要是利用一些经济方法对生态系统提供的服务进行评价。价值量评估的特点是评价结果用货币量体现，既能将不同生态系统与一项生态系统服务进行比较，也能将某一生态系统的各单项服务综合起来。运用价值量评价方法得出的货币结果能引起人们对区域生态系统服务足够的重视。

（1）黄河上中游天然林保护修复生态连清数据主要来源于黄河上中游天然林保护修复区内的21个森林生态站以及辅助观测点的长期连续观测数据。

（2）黄河上中游天然林保护修复资源数据包括了天保工程实施前（2000年）的资源数据和天保工程实施后（2020年）的资源数据。

（3）社会公共数据来源于我国权威机构所公布的社会公共数据，包括农业农村部信息网站、国家卫健委网站、住房和城乡建设部网站、碳排放交易网、《中国统计年鉴》《中国水利统计年鉴》《中国能源统计年鉴》《环境保护税法》等。

将上述3类数据源有机地耦合集成（图1-9），应用于一系列的评估公式中（评估公式将在1.2.6中系统介绍），最终获得黄河上中游天然林保护修复生态效益评估结果。

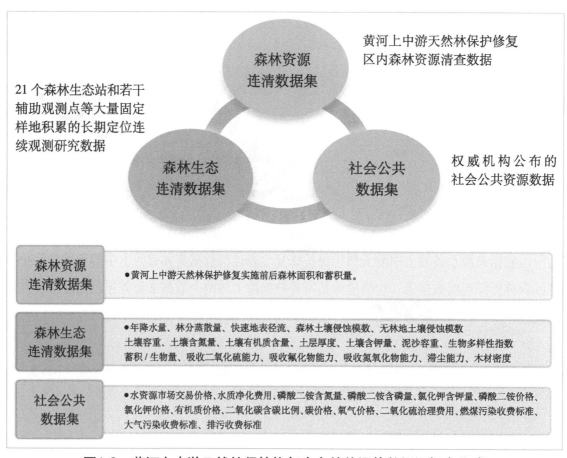

图1-9　黄河上中游天然林保护修复生态效益评估数据源耦合集成

1.2.4 森林生态系统服务修正系数

在野外数据观测中，研究人员仅能够得到观测站点附近的实测生态数据，对于无法实地观测到的数据，则需要一种方法对已经获得的参数进行修正，因此引入了森林生态系统服务修正系数（forest ecological service correction coefficient，简称FES-CC）。FES-CC指评估林分生物量和实测林分生物量的比值，它反映森林生态服务评估区域森林的生态质量状况，还可以通过森林生态功能的变化修正森林生态服务的变化。

森林生态系统服务价值的合理测算对绿色国民经济核算具有重要意义，社会进步程度、经济发展水平、森林资源质量等对森林生态系统服务均会产生一定影响，而森林自身结构和功能状况则是体现森林生态系统服务可持续发展的基本前提。"修正"作为一种状态，表明系统各要素之间具有相对"融洽"的关系。当用现有的野外实测值不能代表同一生态单元同一目标林分类型的结构或功能时，就需要采用森林生态系统服务修正系数客观地从生态学精度的角度反映同一林分类型在同一区域的真实差异。这是森林生态系统服务功能得以准确评估的关键。生态系统的服务功能大小与该生态系统的生物量有密切关系，一般来说，生物量越大，生态服务功能越强（谢高地等，2003；宋庆丰，2015）。其理论公式为：

$$FES\text{-}CC = \frac{B_e}{B_o} = \frac{BEF \times V}{B_o}$$

式中：$FES\text{-}CC$——森林生态系统服务修正系数；

　　　B_e——评估林分生物量（千克/立方米）；

　　　B_o——实测林分生物量（千克/立方米）；

　　　BEF——蓄积量与生物量的转换因子；

　　　V——评估林分的蓄积量（立方米）。

实测林分的生物量可以通过黄河上中游天然林保护修复生态连清的实测手段来获取，而评估林分的生物量在本次黄河上中游天然林保护修复资源连续清查中还没有完全统计，但其蓄积量可以获得。因此，通过评估林分蓄积量和生物量转换因子，测算评估林分的生物量。

1.2.5 贴现率

黄河上中游天然林保护修复生态系统服务价值量评估中，由物质量转价值量时，部分价格参数并非评估年价格参数，因此，需要使用贴现率将非评估年份价格参数换算为评估年份价格参数以计算各项功能价值量的现价。

黄河上中游天然林保护修复生态系统服务价值量评估中所使用的贴现率指将未来现金

收益折合成现在收益的比率，贴现率是一种存贷款均衡利率，利率的大小，主要根据金融市场利率来决定，其计算公式为：

$$t = (D_r + L_r)/2$$

式中：t——存贷款均衡利率（%）；

D_r——银行的平均存款利率（%）；

L_r——银行的平均贷款利率（%）。

贴现率利用存贷款均衡利率，将非评估年份价格参数，逐年贴现至评估年2015的价格参数。贴现率的计算公式为：

$$d = (1 + t_{n+1})(1 + t_{n+2}) \cdots (1 + t_m)$$

式中：d——贴现率；

t——存贷款均衡利率（%）；

n——价格参数可获得年份（年）；

m——评估年年份（年）。

1.2.6 评估公式与模型包

1.2.6.1 涵养水源功能

（1）调节水量指标

森林涵养水源的量化，是准确评估价值的基础之一。森林涵养水源量存在有多种计算方法，主要为非毛管孔隙度蓄水量法、水量平衡法、地下径流增长法、多因子回归法、采伐损失法和降水贮存法等。其中，非毛管孔隙度蓄水量法和水量平衡法是常用的两种方法。

非毛管孔隙度蓄水量法：根据森林土壤的非毛管孔隙度计算出森林土壤的蓄水能力，再结合森林区域的年降水量，可以求出森林的年涵养水源量。非毛管孔隙度蓄水量法可以反映土壤蓄水的最大潜力，但每一次降水时非毛管孔隙都不可能全部蓄满，而且降雨强度大时还可能出现超渗产流，一年中有几次蓄满不好确定，因此该方法计算出的土壤蓄水量与森林土壤实际调节水量之间存在较大的误差。

水量平衡法：森林调节水量的总量为降水量与森林蒸发散（蒸腾和蒸发）及其他消耗的差值（周冰冰，2000）。水量平衡法反映了林分全年或某时间段内调节水量的总量，能够较好地反映实际情况。侯元兆（1995）对比了中国土壤蓄水能力、森林水源涵养量和森林区域径流量三种方法的研究结果，认为水量平衡法的计算结果能够比较准确地反映森林的现实年水源涵养量。

目前，国内外相关研究大多采用水量平衡法（余新晓等，2002；李少宁等，2007；司今，2011；王晓学，2013）。因此，本报告采用水量平衡法计算各林分类型的涵养水源量。

①调节水量

黄河上中游天然林保护修复区森林生态系统年调节水量公式为：

$$G_{调} = 10A \times (P - E - C) \times F$$

式中：$G_{调}$——评估林分年调节水量（立方米/年）；

　　　P——实测林分林外降水量（毫米/年）；

　　　E——实测林分蒸散量（毫米/年）；

　　　C——实测林分地表快速径流量（毫米/年）；

　　　A——林分面积（公顷）；

　　　F——森林生态系统服务修正系数。

②年调节水量价值

本报告采用水资源市场交易价格评价森林调节水量的价值量，其计算公式为：

$$U_{调} = 10C_{库} \times A \times (P - E - C) \times F \times d$$

式中：$U_{调}$——评估林分年调节水量价值（元/年）；

　　　$C_{库}$——水资源市场交易价格（元/立方米）；

　　　P——实测林外降水量（毫米/年）；

　　　E——实测林分蒸散量（毫米/年）；

　　　C——实测地表快速径流量（毫米/年）；

　　　A——林分面积（公顷）；

　　　F——森林生态系统服务修正系数；

　　　d——贴现率。

（2）净化水质指标

净化水质包括净化水量和净化水质价值两个方面。周冰冰（2000）采用了净化水质成本计算了森林生态系统净化水质价值。该方法的数据容易获取而且容易被社会接受。本报告采用了净化水质成本计算法。

①年净化水量

黄河上中游天然林保护修复区森林生态系统年净化水量采用年调节水量的公式：

$$G_{净} = 10A \times (P - E - C) \times F$$

式中：$G_{净}$——评估林分年净化水量（立方米/年）；

P——实测林分林外降水量（毫米/年）；

E——实测林分蒸散量（毫米/年）；

C——实测林分地表快速径流量（毫米/年）；

A——林分面积（公顷）；

F——森林生态系统服务修正系数。

②年净化水质价值

本报告采用污水净化费用评价森林净化水质的价值量，采用如下公式计算：

$$U_{水质} = 10K_{水质} \times A \times (P - E - C) \times F \times d$$

式中：$U_{水质}$——评估林分净化水质价值（元/年）；

$K_{水质}$——水质净化费用（元/立方米）；

P——实测林外降水量（毫米/年）；

E——实测林分蒸散量（毫米/年）；

C——实测地表快速径流量（毫米/年）；

A——林分面积（公顷）；

F——森林生态系统服务修正系数；

d——贴现率。

1.2.6.2 保育土壤功能

本报告主要从固土和保肥作用两个方面对森林保育土壤功能进行评估。

（1）固土指标

因为森林的固土功能是从地表土壤侵蚀程度表现出来的，所以可通过无林地土壤侵蚀程度和有林地土壤侵蚀程度之差来估算森林的保土量。该评估方法是目前国内外多数人使用并认可的。例如，日本在1972年、1978年和1991年评估森林防止土壤泥沙侵蚀效能时，都采用了有林地与无林地之间侵蚀对比方法来计算。

①年固土量

林分年固土量公式为：

$$G_{固土} = A \times (X_2 - X_1) \times F$$

式中：$G_{固土}$——评估林分年固土量（吨/年）；

X_1——有林地土壤侵蚀模数［吨/（公顷·年）］；

X_2——无林地土壤侵蚀模数［吨/（公顷·年）］；

A——林分面积（公顷）；

F——森林生态系统服务修正系数。

②年固土价值

由于土壤侵蚀流失的泥沙淤积于水库中，减少了水库蓄积水的体积，根据蓄水成本（替代工程法）计算林分年固土价值，公式为：

$$U_{固土} = A \times C_{土} \times (X_2 - X_1) \times F / \rho \times d$$

式中：$U_{固土}$——评估林分年固土价值（元/年）；

X_1——有林地土壤侵蚀模数［吨/（公顷·年）］；

X_2——无林地土壤侵蚀模数［吨/（公顷·年）］；

$C_{土}$——挖取和运输单位体积土方所需费用（元/立方米）；

ρ——土壤容重（克/立方厘米）；

A——林分面积（公顷）；

F——森林生态系统服务修正系数；

d——贴现率。

（2）保肥指标

林木的根系可以改善土壤结构、孔隙度和通透性等物理性状，有助于土壤形成团粒结构。在养分循环过程中，枯枝落叶层不仅减小了降水的冲刷和径流，而且还是森林生态系统归还的主要途径，可以增加土壤有机质、营养物质（氮、磷、钾等）和土壤碳库的积累，提高土壤肥力，起到保肥的作用。

土壤侵蚀带走大量的土壤营养物质，根据氮、磷、钾等养分含量和森林减少的土壤损失量，可以估算出森林每年减少的养分损失量。因土壤侵蚀造成了氮、磷、钾大量损失，使土壤肥力下降，通过计算年固土量中氮、磷、钾的数量，再换算为化肥即为森林保肥价值。许多研究（余新晓等，2005；康文星等，2008；王顺利等，2011）都采用了这种方法，本报告也采用该方法。

①年保肥量

林分年保肥量计算公式：

$$G_N = A \times N \times (X_2 - X_1) \times F$$
$$G_P = A \times P \times (X_2 - X_1) \times F$$
$$G_K = A \times K \times (X_2 - X_1) \times F$$
$$G_{有机质} = A \times M \times (X_2 - X_1) \times F$$

式中：G_N——评估林分固持土壤而减少的氮流失量（吨/年）；

G_P——评估林分固持土壤而减少的磷流失量（吨/年）；

G_K——评估林分固持土壤而减少的钾流失量（吨/年）；

$G_{有机质}$——评估林分固持土壤而减少的有机质流失量（吨/年）；

X_1——有林地土壤侵蚀模数［吨/（公顷·年）］；

X_2——无林地土壤侵蚀模数［吨/（公顷·年）］；

N——实测林分土壤平均含氮量（%）；

P——实测林分土壤平均含磷量（%）；

K——实测林分土壤平均含钾量（%）；

M——实测林分土壤平均有机质含量（%）；

A——林分面积（公顷）；

F——森林生态系统服务修正系数。

②年保肥价值

年固土量中氮、磷、钾的数量换算成化肥价值即为林分年保肥价值。林分年保肥价值以固土量中的氮、磷、钾数量折合成磷酸二铵化肥和氯化钾化肥的价值来体现。公式为：

$$U_{肥} = A \times (X_2 - X_1) \times \left(\frac{N \times C_1}{R_1} + \frac{P \times C_1}{R_2} + \frac{K \times C_2}{R_3} + M \times C_3\right) \times F \times d$$

式中：$U_{肥}$——评估林分年保肥价值（元/年）；

X_1——有林地土壤侵蚀模数［吨/（公顷·年）］；

X_2——无林地土壤侵蚀模数［吨/（公顷·年）］；

N——实测林分土壤平均含氮量（%）；

P——实测林分土壤平均含磷量（%）；

K——实测林分土壤平均含钾量（%）；

M——实测林分土壤平均有机质含量（%）；

R_1——磷酸二铵化肥含氮量（%）；

R_2——磷酸二铵化肥含磷量（%）；

R_3——氯化钾化肥含钾量（%）；

C_1——磷酸二铵化肥价格（元/吨）；

C_2——氯化钾化肥价格（元/吨）；

C_3——有机质价格（元/吨）；

A——林分面积（公顷）；

F——森林生态系统服务修正系数；

d——贴现率。

1.2.6.3 固碳释氧功能

此次报告通过森林的固碳（植被固碳和土壤固碳）功能和释氧功能两个指标计量固碳释氧物质量。

目前，国内外测算森林生态系统固碳能力有多种方法，主要有生物量法、蓄积量模型法、涡度相关法、箱式法等。总体上可划分为3类，即NPP实测法、BEF模型法和NEE通量观测法。

（1）NPP实测法

NPP实测法利用森林生态站及有关科研单位的长期连续观测的净初级生产力实测数据，再根据光合作用和呼吸作用方程式计算固碳量。

NPP实测法是最原始、国际上公认的误差最小的碳汇测算方法。免去了其他碳汇测算方法烦琐的中间推算环节，不需要任何参数转换，直接测算出碳汇，避免了不必要的系统误差和人为误差，可以实现森林碳汇的精确测算。

生物量是包括在单位面积上全部植被、动物和微生物现存的有机质总量，由于微生物所占的比重极小，动物生物量也不足植物生物量的10%，所以通常以植物生物量为代表。最早测定森林碳汇量所采用的生物量法，是采用传统的森林资源清查方法，即森林的生物量估测。通过大规模的实地调查取得实测数据建立一套标准的测量参数和生物量数据库，用样地数据得到植被的平均碳密度，然后用每一种植被的碳密度与面积相乘，测算生态系统的碳量。NPP实测法把植被和土壤分开计算，以保证碳汇测算结果的精度。

（2）BEF模型法

BEF模型法即建立蓄积量与生物量的函数关系测算生物量，再计算碳汇。模型法是在实测生物量数据不足的情况下不得不采用的方法。又可分为蓄积量法和平均生物量推算法。

①蓄积量法以森林蓄积量数据为基础的碳测算方法。其原理是根据对森林主要树种抽样实测，计算出森林中主要树种的平均容重（吨/立方米），根据森林的总蓄积求出生物量，再根据生物量与碳量的转换系数求森林的碳汇量（吴家兵等，2003）。蓄积量法比较直接、明确、技术简单，但是问题是每个树种的木材转换为生物量的系数有很大差异，所以此公式只能粗略测算某个地区的生物量，其测算结果误差较大。

②平均生物量推算法

a. 假定生物量扩散因子为常数，利用森林资源清查资料中的蓄积量数据来转换生物量。该方法存在的问题是，实际的森林情况十分复杂，如热带雨林中的BEF可能相差好几倍；根据树木在不同林龄阶段的生长规律为logistic曲线方程特点，决定了BEF不可能是一个常数。因此将BEF作为一个固定值进行碳汇测算会有较大误差。

b. 假定生物量与蓄积量呈线性关系，方精云（1996）提出了蓄积量与生物量是直线

回归关系 $B=aV+b$，此方法比以上方法稍有进步，但实际上生物量与蓄积量并不是线性关系，只是粗略测算生物量的方法，用以测算碳汇误差较大。

c. 假定蓄积量与生物量呈双曲线关系，此方法符合树木生长规律，在获得足够样本（至少25个以上）的参数情况下，对于单个树种碳汇测算比较准确，但在树种较多且分布地区不同的情况下，同时得到这些参数目前条件不足。如果不采用各个树种都符合数理统计要求的模型，而只用一个模型计算所有林分类型碳汇则误差难以估计。

（3）NEE通量观测法

NEE通量观测法即涡度相关法（eddy correlation），涡度相关指的是某种物质的垂直通量，即这种物质的浓度与其速度的协方差。NEE通量观测法建立在微气象学基础上，主要是在林冠上方直接测定二氧化碳的涡流传递速率，直接长期对森林与大气之间的通量进行观测，可准确计算出森林生态系统碳汇，同时又能为其他模型的建立和校准提供基础数据。NEE通量观测法是目前测算碳汇最为准确的方法（毛子军，2002；何英，2005）。

该方法的优点是在测算森林生态系统碳汇过程中不考虑其内部的变化，把观测的系统看作为一个黑箱，只观测系统碳汇的净产出，避免了许多不必要的环节。该方法的缺点是要求观测点足够多，才能代表区域森林生态系统的总体状况。目前以此方法获得的观测数据测算我国森林生态系统碳汇还有较大误差。实践中发现的主要问题是：当地形有一定坡度时，容易使空气中的二氧化碳发生漏流；将小范围的研究结果推广到区域或全球时仍会产生较大的误差；忽略空气的水平流和溶解于水体中碳容易造成二氧化碳交换量被低估；底层大气对二氧化碳的储存效应容易造成二氧化碳交换量被低估；容易受环境条件影响。另外，观测仪器昂贵，且系统稳定性差，经常会出现问题（赵德华等，2006）。目前全世界测定二氧化碳通量的网点相对较少，计算大尺度的碳汇还有较大误差。

①固碳指标

本报告采用第一种方法，首先根据光合作用和呼吸作用方程式确定森林每年生产1吨干物质固定吸收二氧化碳的量，再根据树种的年净初级生产力计算出森林每年固定二氧化碳的总量。

黄河上中游天然林保护修复区森林与大气的物质交换主要是二氧化碳与氧气的交换，即天然林固定并减少大气中的二氧化碳和提高并增加大气中的氧气，这对维持大气中的二氧化碳和氧气动态平衡、减少温室效应以及为人类提供生存的基础都有巨大和不可替代的作用。为此本报告选用固碳、释氧2个指标反映森林固碳释氧功能。根据光合作用化学反应式，森林植被每积累1.0克干物质，可以吸收（固定）1.63克二氧化碳，释放1.19克氧气。二氧化碳中的碳所占比例为27.27%。林分土壤年固碳量即为土壤固碳速率，由森林生态站直接测定获取。

a. 植被和土壤年固碳量

植被和土壤年固碳量计算公式：

$$G_{碳} = A \times (1.63 R_{碳} B_{年} + F_{土壤碳}) \times F$$

式中：$G_{碳}$——评估林分生态系统年固碳量（吨/年）；

　　　$B_{年}$——实测林分年净生产力［吨/（公顷·年）］；

　　　$F_{土壤碳}$——单位面积实测林分土壤年固碳量［吨/（公顷·年）］；

　　　$R_{碳}$——二氧化碳中碳的含量，为27.27%；

　　　A——林分面积（公顷）；

　　　F——森林生态系统服务修正系数。

公式计算得出森林的潜在年固碳量，再从其中减去由于森林采伐造成的生物量移出从而损失的碳量，即为黄河上中游天然林保护修复区森林的实际年固碳量。

b. 年固碳价值

目前，国内外固碳制氧的评价方法有：用温室效应损失法，评价森林的固碳价值；用造林成本法，评价森林的固碳和制氧价值；用碳税法，评价森林的固碳价值；用工业制氧，评价森林的供氧价值（周冰冰，2000）；用碳交易价格，评价森林的固碳价值。

本报告采用碳交易价格评价森林固碳价值量。黄河上中游天然林保护修复区森林植被和土壤年固碳价值的计算公式为：

$$U_{碳} = A \times C_{碳} \times (1.63 R_{碳} B_{年} + F_{土壤碳}) \times F \times d$$

式中：$U_{碳}$——评估林分年固碳价值（元/年）；

　　　$B_{年}$——实测林分年净生产力［吨/（公顷·年）］；

　　　$F_{土壤碳}$——单位面积实测林分土壤年固碳量［吨/（公顷·年）］；

　　　$C_{碳}$——碳交易价格（元/吨）；

　　　$R_{碳}$——二氧化碳中碳的含量，为27.27%；

　　　A——林分面积（公顷）；

　　　F——森林生态系统服务修正系数；

　　　d——贴现率。

公式得出黄河上中游天然林保护修复区森林的潜在年固碳价值，再从其中减去由于森林年采伐消耗量造成的碳损失，即为黄河上中游天然林保护修复区森林的实际年固碳价值。

②释氧指标

a.年释氧量

本报告采用医用氧气价格来评价森林释氧的价值量。林分年释氧量计算公式：

$$G_{氧气} = 1.19A \times B_年 \times F$$

式中：$G_{氧气}$——评估林分年释氧量（吨/年）；

   $B_年$——实测林分年净生产力［吨/（公顷·年）］；

   A——林分面积（公顷）；

   F——森林生态系统服务修正系数。

b.年释氧价值

因为价值量的评估是经济的范畴，是市场化、货币化的体现，因此本报告采用国家权威部门公布的医用氧气价格计算黄河上中游天然林保护修复区森林的年释氧价值。计算公式为：

$$U_氧 = 1.19C_氧 \times A \times B_年 \times F \times d$$

式中：$U_氧$——评估林分年释氧价值（元/年）；

   $B_年$——实测林分年净生产力［吨/（公顷·年）］；

   $C_氧$——氧气价格（元/吨）；

   A——林分面积（公顷）；

   F——森林生态系统服务修正系数；

   d——贴现率。

1.2.6.4 林木养分固持

欧阳志云（1999）认为"生物从土壤、大气、降水中获得必需的营养元素，构成生物体。生态系统的所有生物体内贮存着各种营养元素，并通过元素循环，促使生物与非生物环境之间的元素变换，维持生态过程。"靳芳（2005）指出"森林生态系统在其生长过程中不断从周围环境吸收营养元素，固定在植物体中"。本报告综合了在以上两个定义的基础上，认为"积累营养物质指森林植物通过生化反应，在土壤、大气、降水中吸氮、磷、钾等营养物质并贮存在体内各营养器官的功能。"

这里所要测算的营养物质氮、磷、钾含量与前面述及的森林生态系统保育土壤功能中保肥的氮、磷、钾有所不同，前者是被森林植被吸收进植物体内的营养物质，后者是森林生态系统中林下土壤里所含的营养物质，因此，在测算过程中将二者区分开来分别计量。

森林植被在生长过程中每年从土壤或空气中要吸收大量营养物质，如氮、磷、钾等，并贮存在植物体中。考虑到指标操作的可行性，本报告主要考虑主要营养元素氮、磷、钾三种元素物质的含量。在计算森林营养物质积累量时，以氮、磷、钾在植物体中的百分含量为依据，再结合黄河上中游天然林保护修复森林资源清查数据及森林净生产力数据计算出黄河上中游天然林保护修复生态系统年固定营养物质氮、磷、钾的总量。国内很多研究（苗毓鑫等，2012；文仕知等，2012）均采用了这种方法。

（1）林木营养年固持量

$$G_{氮} = A \times N_{营养} \times B_{年} \times F$$

$$G_{磷} = A \times P_{营养} \times B_{年} \times F$$

$$G_{钾} = A \times K_{营养} \times B_{年} \times F$$

式中：$G_{氮}$——评估林分年氮固持量（吨/年）；

　　　$G_{磷}$——评估林分年磷固持量（吨/年）；

　　　$G_{钾}$——评估林分年钾固持量（吨/年）；

　　　$N_{营养}$——实测林木氮元素含量（%）；

　　　$P_{营养}$——实测林木磷元素含量（%）；

　　　$K_{营养}$——实测林木钾元素含量（%）；

　　　$B_{年}$——实测林分年净生产力［吨/（公顷·年）］；

　　　A——林分面积（公顷）；

　　　F——森林生态系统服务修正系数。

（2）林木营养年固持价值

采取把营养物质折合成磷酸二铵化肥和氯化钾化肥方法计算林木营养物质积累价值，计算公式为：

$$U_{营养} = A \times B_{年} \times (\frac{N_{营养} \times C_1}{R_1} + \frac{P_{营养} \times C_1}{R_2} + \frac{K_{营养} \times C_2}{R_3}) \times F \times d$$

式中：$U_{营养}$——评估林分氮、磷、钾固持价值（元/年）；

　　　$N_{营养}$——实测林木氮元素含量（%）；

　　　$P_{营养}$——实测林木磷元素含量（%）；

　　　$K_{营养}$——实测林木钾元素含量（%）；

　　　R_1——磷酸二铵含氮量（%）；

　　　R_2——磷酸二铵含磷量（%）；

　　　R_3——氯化钾含钾量（%）；

　　　C_1——磷酸二铵化肥价格（元/吨）；

　　　C_2——氯化钾化肥价格（元/吨）；

B——实测林分年净生产力［吨/（公顷·年）］；

A——林分面积（公顷）；

F——森林生态系统服务修正系数；

d——贴现率。

1.2.6.5 净化大气环境功能

近年雾霾天气的频繁、大范围出现，使空气质量状况成为民众和政府部门的关注焦点，大气颗粒物（如PM_{10}、$PM_{2.5}$）被认为是造成雾霾天气的罪魁出现在人们的视野中。如何控制大气污染、改善空气质量成为科学研究的热点（王兵，2015；张维康等，2015；Zhang et al.，2015）。

> 森林提供负氧离子是指森林的树冠、枝叶的尖端放电以及光合作用过程的光电效应促使空气电解，产生空气负离子，同时森林植被释放的挥发性物质如植物精气（又叫芬多精）等也能促使空气电离，增加空气负离子浓度。

黄河上中游天然林保护修复区森林能有效吸收有害气体、吸滞粉尘、降低噪音、提供负氧离子等，从而起到净化大气作用。为此，本报告选取提供负离子、吸收污染物（二氧化硫、氟化物和氮氧化物）、滞尘、吸滞$PM_{2.5}$和PM_{10} 7个指标反映天然林净化大气环境能力，由于降低噪音指标计算方法尚不成熟，所以本报告中不涉及降低噪音指标。

> 森林滞纳空气颗粒物是指由于森林增加地表粗糙度，降低风速从而提高空气颗粒物的沉降概率，同时，植物叶片结构特征的理化特性为颗粒物的附着提供了有利的条件；此外，枝、叶、茎还能够通过气孔和皮孔滞纳空气颗粒物。

（1）提供负离子指标

①年提供负离子量

$$G_{负离子} = 5.256 \times 10^{15} \times Q_{负离子} \times A \times H \times F / L$$

式中：$G_{负离子}$——评估林分年提供负离子个数（个/年）；

$Q_{负离子}$——实测林分负离子浓度（个/立方厘米）；

H——实测林分高度（米）；

L——负离子寿命（分钟）；

A——林分面积（公顷）；

F——森林生态系统服务修正系数。

②年提供负离子价值

国内外研究证明，当空气中负离子达到600个/立方厘米以上时，才能有益人体健康，所以林分年提供负离子价值采用如下公式计算：

$$U_{负离子} = 5.256 \times 10^{15} \times A \times H \times K_{负离子} \times (Q_{负离子} - 600) \times F / L \times d$$

式中：$U_{负离子}$——评估林分年提供负离子价值（元/年）；

$K_{负离子}$——负离子生产费用（元/个）；

$Q_{负离子}$——实测林分负离子单位体积浓度（个/立方厘米）；

L——负离子寿命（分钟）；

H——实测林分高度（米）；

A——林分面积（公顷）；

F——森林生态系统服务修正系数；

d——贴现率。

（2）吸收污染物指标

二氧化硫、氟化物和氮氧化物是大气污染物的主要物质。因此，本研究选取森林吸收二氧化硫、氟化物和氮氧化物3个指标核算森林吸收污染物的能力。森林对二氧化硫、氟化物和氮氧化物的吸收，可使用面积-吸收能力法、阈值法、叶干质量估算法等。本研究采用面积-吸收能力法核算森林吸收污染物的总量，采用应税污染物法核算价值量。

①吸收二氧化硫

林分年吸收二氧化硫量计算公式：

$$G_{二氧化硫} = Q_{二氧化硫} \times A \times F / 1000$$

式中：$G_{二氧化硫}$——评估林分年吸收二氧化硫量（吨/年）；

$Q_{二氧化硫}$——单位面积实测林分年吸收二氧化硫量[千克/（公顷·年）]；

A——林分面积（公顷）；

F——森林生态系统服务修正系数。

林分年吸收二氧化硫价值计算公式：

$$U_{二氧化硫} = Q_{二氧化硫} / N_{二氧化硫} \times K \times A \times F \times d$$

式中：$U_{二氧化硫}$——评估林分年吸收二氧化硫价值（元/年）；

$Q_{二氧化硫}$——单位面积实测林分年吸收二氧化硫量[千克/（公顷·年）]；

$N_{二氧化硫}$——二氧化硫污染当量值；

K——税额；

A——林分面积（公顷）；

F——森林生态系统服务修正系数；

d——贴现率。

②吸收氟化物

林分吸收氟化物年量计算公式：

$$G_{氟化物} = Q_{氟化物} \times A \times F / 1000$$

式中：$G_{氟化物}$——评估林分年吸收氟化物量（吨/年）；

$Q_{氟化物}$——单位面积实测林分年吸收氟化物量[千克/（公顷·年）]；

A——林分面积（公顷）；

F——森林生态系统服务修正系数。

林分年吸收氟化物价值计算公式：

$$U_{氟化物} = Q_{氟化物} / N_{氟化物} \times K \times A \times F \times d$$

式中：$U_{氟化物}$——评估林分年吸收氟化物价值（元/年）；

$Q_{氟化物}$——单位面积实测林分年吸收氟化物量[千克/（公顷·年）]；

$N_{氟化物}$——氟化物污染当量值；

K——税额；

A——林分面积（公顷）；

F——森林生态系统服务修正系数；

d——贴现率。

③吸收氮氧化物

林分氮氧化物年吸收量计算公式：

$$G_{氮氧化物} = Q_{氮氧化物} \times A \times F / 1000$$

式中：$G_{氮氧化物}$——评估林分年吸收氮氧化物量（吨/年）；

$Q_{氮氧化物}$——单位面积实测林分年吸收氮氧化物量[千克/（公顷·年）]；

A——林分面积（公顷）；

F——森林生态系统服务修正系数。

年吸收氮氧化物量价值计算公式如下：

$$U_{氮氧化物} = Q_{氮氧化物} / N_{氮氧化物} \times K \times A \times F \times d$$

式中：$U_{氮氧化物}$——评估林分年吸收氮氧化物价值（元/年）；

$Q_{氮氧化物}$——单位面积实测林分年吸收氮氧化物量[千克/（公顷·年）]；

$N_{氮氧化物}$——氮氧化物污染当量值；

K——税额；

A——林分面积（公顷）；

F——森林生态系统服务修正系数；

d——贴现率。

（3）滞尘指标

森林有阻挡、过滤和吸附粉尘的作用，可提高空气质量。因此滞尘功能是森林生态系统重要的服务功能之一。鉴于近年来人们对PM_{10}和$PM_{2.5}$的关注，本研究在评估总滞尘量及其价值的基础上，将PM_{10}和$PM_{2.5}$从总滞尘量中分离出来进行了单独的物质量和价值量评估。

①年总滞尘量

林分年滞尘量计算公式：

$$G_{滞尘} = Q_{滞尘} \times A \times F / 1000$$

式中：$G_{滞尘}$——评估林分年滞尘量（吨/年）；

　　　$Q_{滞尘}$——单位面积实测林分年滞尘量[千克/（公顷·年）]；

　　　A——林分面积（公顷）；

　　　F——森林生态系统服务修正系数。

②林分年滞尘价值

本研究中，用应税污染物法计算林分滞纳PM_{10}和$PM_{2.5}$的价值。其中，PM_{10}和$PM_{2.5}$采用炭黑尘（粒径0.4~1 μm）污染当量值结合应税额度进行核算。林分滞纳其余颗粒物的价值一般性粉尘（粒径<75 μm）污染当量值结合应税额度进行核算。年滞尘价值计算公式如下：

$$U_{滞尘} = (Q_{滞尘} - Q_{PM_{10}} - Q_{PM_{2.5}}) / N_{一般性粉尘} \times K \times A \times F \times d + U_{PM_{10}} + U_{PM_{2.5}}$$

式中：$U_{滞尘}$——评估林分年滞尘价值（元/年）；

　　　$Q_{滞尘}$——单位面积实测林分年滞尘量[千克/（公顷·年）]；

　　　$Q_{PM_{10}}$——单位面积实测林分年滞纳PM_{10}量[千克/（公顷·年）]；

　　　$Q_{PM_{2.5}}$——单位面积实测林分年滞纳$PM_{2.5}$量[千克/（公顷·年）]；

　　　$N_{一般性粉尘}$——一般性粉尘污染当量值；

　　　K——税额；

　　　A——林分面积（公顷）；

    F——森林生态系统服务修正系数。

    $U_{PM_{10}}$——林分年滞纳PM_{10}价值（元/年）；

    $U_{PM_{2.5}}$——林分年滞纳$PM_{2.5}$价值（元/年）；

    d——贴现率。

③滞纳$PM_{2.5}$

年滞纳$PM_{2.5}$量。公式为：

$$G_{PM_{2.5}} = Q_{PM_{2.5}} \times A \times n \times F + LAI$$

式中：$G_{PM_{2.5}}$——评估林分年滞纳$PM_{2.5}$量（千克/年）；

    $Q_{PM_{2.5}}$——实测林分单位叶面积滞纳$PM_{2.5}$量（克/平方米）；

    A——林分面积（公顷）；

    F——森林生态系统服务修正系数；

    n——年洗脱次数；

    LAI——叶面积指数。

年滞纳$PM_{2.5}$价值。公式为：

$$G_{PM_{2.5}} = 10 \times Q_{PM_{2.5}} / N_{炭黑尘} \times K \times A \times n \times F + LAI \times d$$

式中：$G_{PM_{2.5}}$——评估林分年滞纳$PM_{2.5}$价值（元/年）；

    $Q_{PM_{2.5}}$——实测林分单位叶面积滞纳$PM_{2.5}$量（克/平方米）；

    $N_{炭黑尘}$——炭黑尘污染当量值；

    K——税额；

    A——林分面积（公顷）；

    F——森林生态系统服务修正系数；

    n——年洗脱次数；

    LAI——叶面积指数。

    d——贴现率。

④滞纳PM_{10}

年滞纳PM_{10}量。公式为：

$$G_{PM_{10}} = 10 \times Q_{PM_{10}} \times A \times n \times F \times LAI$$

式中：$G_{PM_{10}}$——评估林分年滞纳PM_{10}量（千克/年）；

    $Q_{PM_{10}}$——实测林分单位叶面积滞纳PM_{10}量（克/平方米）；

    A——林分面积（公顷）；

　　F——森林生态系统服务修正系数；

　　n——年洗脱次数；

　　LAI——叶面积指数。

年滞纳PM_{10}价值。公式为：

$$U_{PM_{10}} = 10 \times Q_{PM_{10}} / N_{炭黑尘} \times K \times A \times n \times F + LAI \times d$$

式中：$U_{PM_{10}}$——评估林分年滞纳PM_{10}价值（元/年）；

　　　　$Q_{PM_{10}}$——实测林分单位叶面积滞纳PM_{10}量（克/平方米）；

　　　　$N_{炭黑尘}$——炭黑尘污染当量值；

　　　　K——税额；

　　　　A——林分面积（公顷）；

　　　　F——森林生态系统服务修正系数；

　　　　n——年洗脱次数；

　　　　LAI——叶面积指数；

　　　　d——贴现率。

1.2.6.6　生物多样性保护价值

　　生物多样性维护了自然界的生态平衡，并为人类的生存提供了良好的环境条件。生物多样性是生态系统不可缺少的组成部分，对生态系统服务的发挥具有十分重要的作用。Shannon-Wiener指数是反映森林中物种的丰富度和分布均匀程度的经典指标，其生态学意义可以理解为：种数一定的总体，各种间数量分布均匀时，多样性最高；两个物种个体数量分布均匀的总体，物种数目越多，多样性越高。

　　由于人类人口迅猛增长以及伴随而来的自然栖息地的破坏，对生物资源的过度开发利用、环境污染、外来种的引入等，使得大量物种的生存受到不同程度的威胁甚至濒临灭绝的危险境地。濒危物种同样是生物多样性的重要组成部分，加强濒危物种的保护对于促进生物多样性的保育具有重要意义。所以，在对物种多样性保育价值评估时，濒危指数是不可或缺的重要部分，有利于进一步强调物种多样性的保育价值，尤其是濒危物种方面的保育价值。

　　植物种群在遗传特性和生境存在有异质性，种群遗传特性指的是基因突变、错位、多倍体及自然杂交等，生境包括当地的气候、土壤、地貌等。因此，便出现了特有科、特有属和特有种植物，使得每个植物区系或某个植物分布区域内的生物多样性存在特殊性。植物特有种的研究对于生物多样性的保护以及揭示生物多样性的形成机制也起着重要的作用。由于特有种是生物多样性的依据，多样性是特有种现象的体现。所以，在森林生态系统物种多样性保育价值评估中，特有种现象是其中一个重要指标（王兵等，2012）。

古树名木是历史与文化的象征，是绿色文化，活的化石，是自然界和前人留给后辈的宝贵财富，同时它也是其所在地区生物多样性的一个重要体现，在森林生态系统物种多样性保育价值评估时，古树年龄指数也是其中的一个重要指标。

因此，传统Shannon-Wiener指数对生物多样性保护等级的界定不够全面。本次报告增加濒危指数、特有种指数以及古树年龄指数对生物多样性保育价值进行核算。

修正后的生物多样性保护功能核算公式如下：

$$U_{总} = (1 + 0.1\sum_{m=1}^{x} E_m + 0.1\sum_{n=1}^{y} B_n + 0.1\sum_{r=1}^{z} O_r) \times S_I \times A \times d$$

式中：$U_{总}$——评估林分年生物多样性保护价值（元/年）；

E_m——评估林分或区域内物种m的濒危指数（表1-1）；

B_n——评估林分或区域内物种n的特有种指数（表1-2）；

O_r——评估林分或区域内物种r的古树年龄指数（表1-3）；

x——计算濒危指数物种数量；

y——计算特有种指数物种数量；

z——计算古树年龄指数物种数量；

S_I——单位面积物种多样性保护价值量［元/（公顷·年）］；

A——林分面积（公顷）；

d—贴现率。

本报告根据Shannon-Wiener指数计算生物多样性保护价值，共划分7个等级：

当指数＜1时，S_I为3000［元/（公顷·年）］；

当1≤指数＜2时，S_I为5000［元/（公顷·年）］；

当2≤指数＜3时，S_I为10000［元/（公顷·年）］；

当3≤指数＜4时，S_I为20000［元/（公顷·年）］；

当4≤指数＜5时，S_I为30000［元/（公顷·年）］；

当5≤指数＜6时，S_I为40000［元/（公顷·年）］；

当指数≥6时，S_I为50000［元/（公顷·年）］。

表1-1 物种濒危指数体系

濒危指数	濒危等级	物种种类
4	极危	
3	濒危	参见《中国物种红色名录》第一卷：红色名录
2	易危	
1	近危	

表1-2 特有种指数体系

特有种指数	分布范围
4	仅限于范围不大的山峰或特殊的自然地理环境下分布
3	仅限于某些较大的自然地理环境下分布的类群，如仅分布于较大的海岛（岛屿）、高原、若干个山脉等
2	仅限于某个大陆分布的分类群
1	至少在2个大陆都有分布的分类群
0	世界广布的分类群

注：参见《植物特有现象的量化》（苏志饶，1999）。

表1-3 古树年龄指数体系

古树年龄	指数等级	来源及依据
100~299年	1	参见全国绿化委员会、国家林业局文件全绿字〔2001〕15号《关于开展古树名木普查建档工作的通知》
300~499年	2	
≥500年	3	

1.2.6.7 黄河上中游天然林保护修复区生态系统服务总价值评估

黄河上中游天然林保护修复区生态系统服务总价值为上述各分项生态系统服务价值之和，计算公式为：

$$U_I = \sum_{i=1}^{20} U_i$$

式中：U_I——黄河上中游天然林保护修复区生态系统服务年总价值（元/年）；

U_i——黄河上中游天然林保护修复区生态系统服务各分项年价值（元/年）。

第二章

黄河上中游天然林保护修复森林资源变化

2.1 天然林保护修复森林资源变化

2.1.1 森林面积变化

据统计资料显示，黄河上中游天然林保护修复实施前、实施后的森林面积分别为1555.99万公顷和2238.37万公顷，增加了682.38万公顷，增长幅度为43.86%。同期，全国森林面积增长幅度为25.71%，黄河上中游天然林保护修复森林面积的增长幅度高于同期全国水平，这足以说明黄河上中游天然林保护修复实施对于我国森林面积的增长作用明显。

森林面积增长的原因，主要为工程区内的造林工程。经查询相关统计资料，黄河上中游天然林保护修复，工程区内面积为625.42万公顷，其中，人工造林、飞播造林、无林地和疏林地封育的造林面积分别占总面积的13.08%、44.78%、36.11%，以飞播造林面积所占比重最大。其中，在所有造林林种，以防护林面积最大，占总造林面积的99.06%。

各林龄组面积的变化如表2-1和图2-1所示，黄河上中游天然林保护修复实施前和实施后，均以中幼龄林面积最大，分别为510.67万公顷和822.12万公顷，占比为58.76%和64.75%。实施期间的增加量，中幼龄林面积增加了311.45万公顷，占总增加面积的77.73%。所以，黄河上中游天然林保护修复的中幼龄林抚育工作非常重要，对于提升天然

表2-1　黄河上中游天然林保护修复区乔木林面积和蓄积量变化情况

万公顷、百万立方米

阶段	合计		幼龄林		中龄林		近熟林		成熟林		过熟林	
	面积	蓄积	面积	蓄积	面积	蓄积	面积	蓄积	面积	蓄积	面积	蓄积
实施前	869.06	506.16	256.20	51.37	254.47	138.12	156.14	115.77	121.79	103.57	80.46	97.32
实施后	1269.73	830.06	427.30	114.31	394.82	251.72	172.34	163.56	151.33	161.24	123.94	139.23
增量	400.67	323.90	171.10	62.94	140.35	113.60	16.20	47.79	29.54	57.67	43.48	41.90

占比（%）

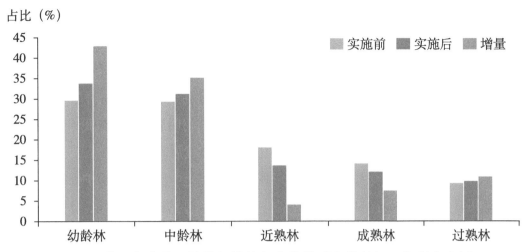

图2-1　黄河上中游天然林保护修复实施前后各林龄组面积所占比例

林保护修复生态效益具有极大的促进作用。

　　各林种面积的变化如图2-2所示，黄河上中游天然林保护修复实施前和实施后，均以防护林面积最大，分别为406.16万公顷和961.65万公顷，占比为46.47%和75.71%。同时，用材林面积大幅度消减，从实施前的43.35%消减到了实施后的10.36%。所以，黄河上中游天然林保护修复内大面积的森林资源以防护林和特用林的形式保护起来，对于提升天然林保护修复生态效益具有极大的促进作用。

占比（%）

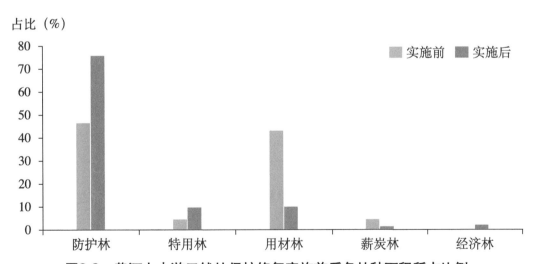

图2-2　黄河上中游天然林保护修复实施前后各林种面积所占比例

2.1.2 蓄积量变化

　　据统计数据显示，黄河上中游天然林保护修复实施前、实施后森林蓄积量分别为5.06亿立方米和8.30亿立方米，增长了3.24亿立方米，增长幅度为64.03%。结合森林面积的变化可以看出，黄河上中游天然林保护修复森林蓄积量的增长幅度高于森林面积的增长，说明天然林保护修复的实施对于森林质量的提升作用明显。黄河上中游天然林保护修复内森林蓄积量的增加与森林管护密切相关，截至2018年，工程内管护面积为3659.23万公顷，占全国天然林保护修复实有管护面积的30.56%。同期，全国森林蓄积量增长幅度为40.98%，黄河上中游天然林保护修复蓄积量的增长幅度高于同期全国水平，说明黄河上中游天然林保护修复实施对于我国森林资源质量的增长作用明显，这就是我国实施天然林保护修复的目的所在，解决我国天然林的休养生息和恢复发展问题。

各林龄组蓄积量的变化如表2-1和图2-3所示，黄河上中游天然林保护修复实施前，各林龄组蓄积量大小排序为：中龄林、近熟林、成熟林、过熟林、幼龄林，分别占总蓄积量的比重分别为：27.29%、22.87%、20.46%、19.23%、10.15%；天然林保护修复实施后，各林龄组蓄积量大小排序为：中龄林、近熟林、成熟林、过熟林、幼龄林，分别占总蓄积量的比重分别为：30.33%、19.70%、19.43%、16.77%、13.77%。仅从各林龄组蓄积量所占比重来看，近熟林和过熟林的蓄积量占比出现了降低。天然林保护修复实施期间蓄积量增量方面，各林龄组的排序为：中龄林、幼龄林、成熟林、近熟林、过熟林，分别占蓄积量增量的35.07%、19.43%、17.81%、14.75%、12.94%。

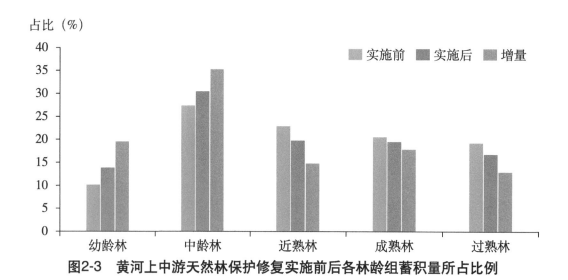

图2-3 黄河上中游天然林保护修复实施前后各林龄组蓄积量所占比例

2.2 省级尺度森林资源变化

2.2.1 山西省

黄河上中游天然林保护修复实施前后，山西省天然林保护修复森林面积分别为152.35万公顷、224.17万公顷，分别占黄河上中游天然林保护修复实施前后总面积的9.79%和10.01%。天然林保护修复实施期间，山西省森林面积增加量为71.82万公顷，占黄河上中游天然林保护修复总增加量的10.52%，其增长幅度为47.14%。黄河上中游天然林保护修复实施前后，山西省天然林保护修复森林蓄积量分别为0.49亿立方米、0.96亿立方米，分别占黄河上中游天然林保护修复实施前后总蓄积量的9.74%和11.60%。天然林保护修复实施期间，山西省森林蓄积增加量为0.47亿立方米，占黄河上中游天然林保护修复总增加量的14.50%，其增长幅度为95.21%。

山西省天然林保护修复前后各林龄组森林面积变化如表2-2和图2-4所示，天然林保护修复实施前，中幼龄林面积较大，为83.18万公顷，占总面积的74.01%；天然林保护修复实施后，中幼龄林面积依然较大，为114.35万公顷，占总面积的66.68%。天然林保护修复实施期间，幼龄林和近熟林面积增加较为明显，占总增加量的62.63%。天然林保护修复实施后与实施前相比，各林龄组所占比重出现了差异，除了中龄林外，其他林龄组均出现了不同程度的增长。

表2-2 山西省天然林保护修复实施前后各林龄组面积和蓄积量变化情况

万公顷、万立方米

阶段	合计		幼龄林		中龄林		近熟林		成熟林		过熟林	
	面积	蓄积	面积	蓄积	面积	蓄积	面积	蓄积	面积	蓄积	面积	蓄积
实施前	112.39	4934.21	32.19	599.52	50.99	2358.50	22.28	1580.33	4.88	304.95	2.05	90.91
实施后	171.50	9631.87	55.36	1435.78	58.99	3392.87	36.13	3043.54	16.75	1525.94	4.27	233.74
增量	59.11	4697.66	23.17	836.26	8.00	1034.37	13.85	1463.21	11.87	1220.99	2.22	142.83

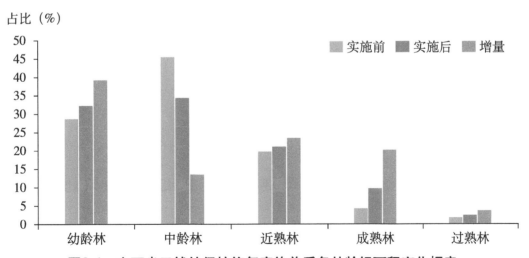

图2-4 山西省天然林保护修复实施前后各林龄组面积变化幅度

各林种面积的变化如图2-5所示，山西省天然林保护修复实施前和实施后，均以防护林面积最大，分别为68.34万公顷和135.26万公顷，占比为60.81%和78.87%。同时，用材林面积大幅度消减，从实施前的34.42%消减到了实施后的8.09%。

山西省天然林保护修复前后各林龄组森林蓄积量变化如表2-2和图2-6所示，天然林保护修复实施前，中龄林和近熟林蓄积量较大，为0.39亿立方米，占总蓄积量的79.83%；天然林保护修复实施后，中龄林和近熟林蓄积量依然较大，为0.64亿立方米，占总蓄积量的55.46%。天然林保护修复实施期间，近熟林和成熟林蓄积量增加较为明显，占总增加量57.13%。

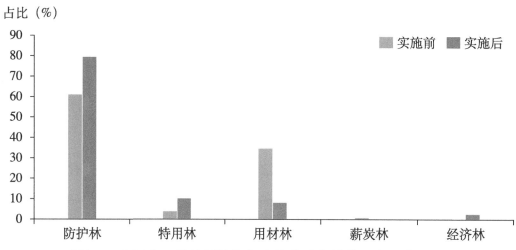

图2-5　山西省天然林保护修复实施前后各林种面积所占比例

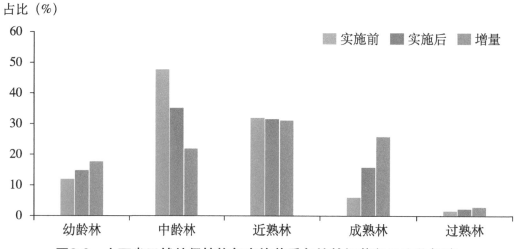

图2-6　山西省天然林保护修复实施前后各林龄组蓄积量变化幅度

2.2.2 内蒙古自治区

黄河上中游天然林保护修复实施前后，内蒙古自治区天然林保护修复森林面积分别为232.74万公顷、386.58万公顷，分别占黄河上中游天然林保护修复实施前后总面积的14.96%和17.27%。天然林保护修复实施期间，内蒙古自治区森林面积增加量为153.84万公顷，占黄河上中游天然林保护修复总增加量的22.54%，其增长幅度为66.10%。内蒙古自治区天然林保护修复森林蓄积量分别为0.19亿立方米、0.33亿立方米，分别占黄河上中游天然林保护修复实施前后总蓄积量的3.66%和3.92%。天然林保护修复实施期间，内蒙古自治区森林蓄积增加量为0.14亿立方米，占黄河上中游天然林保护修复总增加量的4.32%，其增长幅度为75.53%。蓄积量占黄河上中游天然林保护修复总蓄积量比重严重低于面积的原因主要是内蒙古自治区天然林保护修复内各优势树种（组）中，灌木林面积较大，在天然林保护修复实施前后，其占内蒙古天然林保护修复森林总面积的比例分别为75.48%和79.24%。

内蒙古自治区天然林保护修复前后各林龄组森林面积变化如表2-3和图2-7所示，天然林保护修复实施前，除了过熟林外，其他的林龄组所占比重较为接近，介于15%~30%；天然林保护修复实施后，幼龄林面积最大，为25.40万公顷，占总面积的33.62%，其他的林龄组所占比重介于13%~20%。天然林保护修复实施期间，幼龄林和过熟林面积增加较为明显，约为整个内蒙古自治区的森林面积增加量，主要是因为中龄林和成熟林面积出现了降低，共减少了2.94万公顷。

表2-3　内蒙古自治区天然林保护修复实施前后各林龄组面积和蓄积量变化情况

万公顷、万立方米

阶段	合计		幼龄林		中龄林		近熟林		成熟林		过熟林	
	面积	蓄积	面积	蓄积	面积	蓄积	面积	蓄积	面积	蓄积	面积	蓄积
实施前	54.07	1851.70	13.19	174.71	11.21	442.74	8.57	361.65	16.48	756.14	4.62	116.46
实施后	75.55	3250.34	25.40	172.73	10.42	416.57	9.77	755.18	14.33	1114.15	15.63	791.72
增量	21.48	1398.64	12.21	-1.98	-0.79	-26.17	1.20	393.53	-2.15	358.01	11.01	675.26

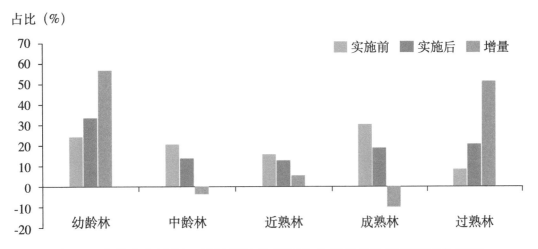

图2-7　内蒙古自治区天然林保护修复实施前后各林龄组面积变化幅度

 各林种面积的变化如图2-8所示，内蒙古自治区天然林保护修复实施前和实施后，均以防护林面积最大，分别为48.13万公顷和60.79万公顷，占比为89.01%和80.46%。同时，用材林面积大幅度消减，从实施前的9.77%消减到了实施后的4.69%。

 内蒙古自治区天然林保护修复前后各林龄组森林蓄积量变化如表2-3和图2-9所示，天然林保护修复实施前，中龄林、近熟林和成熟林蓄积量较大，为0.16亿立方米，占总蓄积量的84.27%；天然林保护修复实施后，近熟林、成熟林和过熟林蓄积量较大，为0.27亿立方米，占总蓄积量的81.87%。天然林保护修复实施期间，近熟林和成熟林蓄积量增加较为明显，约为总增加量的76.42%。

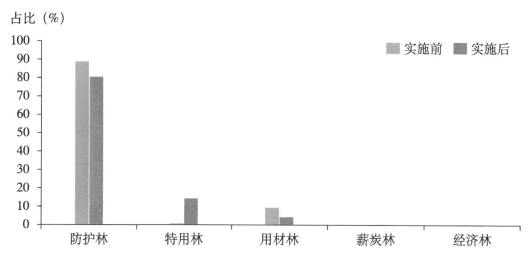

图2-8　内蒙古自治区天然林保护修复实施前后各林种面积所占比例

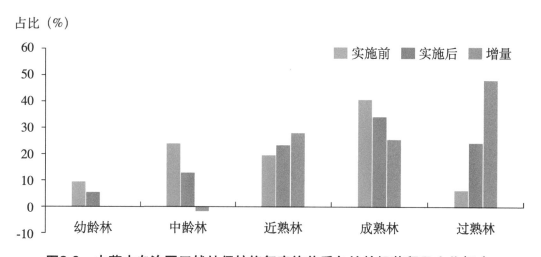

图2-9　内蒙古自治区天然林保护修复实施前后各林龄组蓄积量变化幅度

2.2.3 河南省

黄河上中游天然林保护修复实施前后，河南省天然林保护修复森林面积分别为98.36万公顷、150.98万公顷，分别占黄河上中游天然林保护修复实施前后总面积的6.32%和6.75%。天然林保护修复实施期间，河南省森林面积增加量为52.62万公顷，占黄河上中游天然林保护修复总增加量的7.71%，其增长幅度为53.50%。河南省天然林保护修复森林蓄积量分别为0.34亿立方米、0.76亿立方米，分别占黄河上中游天然林保护修复实施前后总蓄积量的6.66%和9.14%。天然林保护修复，河南省森林蓄积增加量为0.42亿立方米，占黄河上中游天然林保护修复总增加量的13.02%，其增长幅度为1.25倍。

河南省天然林保护修复前后各林龄组森林面积变化如表2-4和图2-10所示，天然林保护修复实施前，中幼龄林面积较大，为68.36万公顷，占总面积的88.91%；天然林保护修复实施后，中幼龄林面积依然较大，为113.41万公顷，占总面积的85.84%。天然林保护修复实施后与实施前相比，各林龄组均出现了不同程度的增长，以幼龄林面积增加较为明显，占总增加量的55.06%。

表2-4　河南省天然林保护修复实施前后各林龄组森林面积和蓄积量变化情况

万公顷、万立方米

阶段	合计		幼龄林		中龄林		近熟林		成熟林		过熟林	
	面积	蓄积	面积	蓄积	面积	蓄积	面积	蓄积	面积	蓄积	面积	蓄积
实施前	76.89	3369.13	49.52	1591.84	18.84	1141.36	5.15	370.74	2.90	172.74	0.48	92.45
实施后	132.12	7584.82	79.93	3251.89	33.48	2784.86	11.42	852.99	5.99	595.52	1.30	99.56
增量	55.23	4215.69	30.41	1660.05	14.64	1643.50	6.27	482.25	3.09	422.78	0.82	7.11

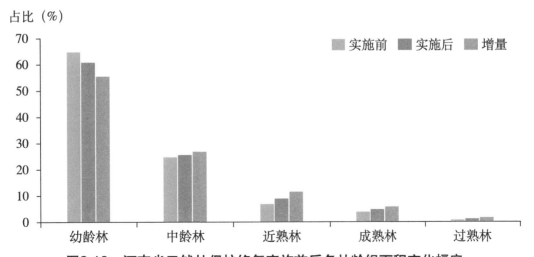

图2-10　河南省天然林保护修复实施前后各林龄组面积变化幅度

各林种面积的变化如图2-11所示，河南省天然林保护修复实施前和实施后，均以防护林面积最大，分别为56.61万公顷和98.91万公顷，占比为73.62%和74.86%。同时，用材林占比略有消减，从实施前的19.27%消减到了实施后的16.37%。

河南省天然林保护修复前后各林龄组森林蓄积量变化如表2-4和图2-12所示，天然林保护修复实施前，幼龄林和中龄林蓄积量较大，为0.27亿立方米，占总蓄积量的81.12%；天然林保护修复实施后，幼龄林和中龄林蓄积量依然较大，为0.60亿立方米，占总蓄积量的79.59%。天然林保护修复实施期间，中幼龄林蓄积量增加较为明显，占总增加量3/4左右。

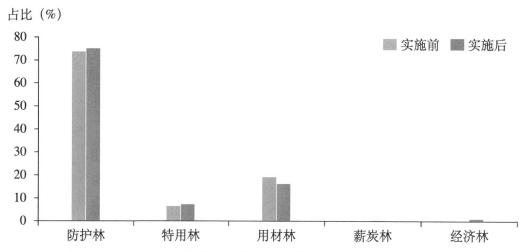

图2-11 河南省天然林保护修复实施前后各林种面积所占比例

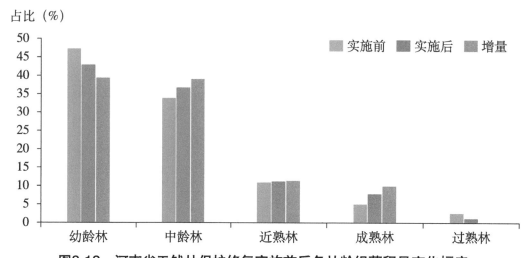

图2-12 河南省天然林保护修复实施前后各林龄组蓄积量变化幅度

2.2.4 陕西省

黄河上中游天然林保护修复实施前后，陕西省天然林保护修复森林面积分别为660.79万公顷、877.24万公顷，分别占黄河上中游天然林保护修复实施前后总面积的42.47%和39.19%。天然林保护修复实施期间，陕西省森林面积增加量为216.45万公顷，占黄河上中游天然林保护修复总增加量的31.72%，其增长幅度为32.76%。陕西省天然林保护修复森林蓄积量分别为2.93亿立方米、4.60亿立方米，分别占黄河上中游天然林保护修复实施前后总蓄积量的57.84%和55.371%。天然林保护修复实施期间，陕西省森林蓄积增加量为1.67亿立方米，占黄河上中游天然林保护修复总增加量的51.50%，其增长幅度为56.98%。

陕西省天然林保护修复前后各林龄组森林面积变化如表2-5和图2-13所示，天然林保护修复实施前，幼龄林、中龄林和近熟林面积较为接近，合计为357.58万公顷，所占比重均在20%以上，其他2个林龄组所占比重均在14%左右；天然林保护修复实施后，中幼龄林面积较大，为425.93万公顷，占总面积的61.04。天然林保护修复实施期间，中幼龄林面积增加较为明显，占总增加量的54.80%。天然林保护修复实施后与实施前相比，各林龄组所占比重出现了差异，除了近熟林出现小幅降低外，其他林龄组均出现了不同程度的增长。

表2-5 陕西省天然林保护修复实施前后各林龄组森林面积和蓄积变化情况

万公顷、万立方米

阶段	合计		幼龄林		中龄林		近熟林		成熟林		过熟林	
	面积	蓄积	面积	蓄积	面积	蓄积	面积	蓄积	面积	蓄积	面积	蓄积
实施前	498.95	29278.06	119.62	1477.34	132.10	6637.57	105.86	7876.83	79.34	6493.73	62.03	6792.59
实施后	697.82	45959.62	184.85	4047.07	241.08	14103.68	96.29	9376.04	89.58	9404.54	86.02	9028.29
增量	198.87	16681.56	65.23	2569.73	108.98	7466.11	-9.57	1499.21	10.24	2910.81	23.99	2235.70

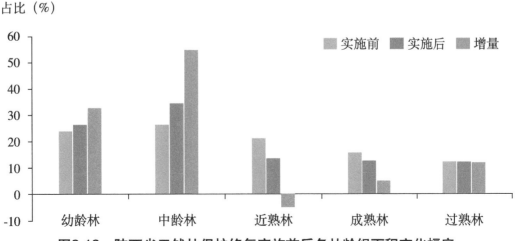

图2-13 陕西省天然林保护修复实施前后各林龄组面积变化幅度

各林种面积的变化如图2-14所示，陕西天然林保护修复实施前以用材林面积最大，为308.33万公顷，占比为61.80%，实施后期面积减少为91.13万公顷，占比削减为13.06%。而防护林面积则从实施前的135.93万公顷增加实施后的528.23万公顷，占比也从27.24%上升到75.71%。同时，特用林面积也有一定幅度的增加，从实施前的2.56%提升到5.45%。

陕西省天然林保护修复前后各林龄组森林蓄积量变化如表2-5和图2-15所示，天然林保护修复实施前，除了幼龄林蓄积量较小外，其他4个林龄组较为接近，所占比重介于22%~27%；天然林保护修复实施后，除了幼龄林蓄积量依然较小，但是其他4个林龄组所占比重差异性变大，介于10%~31%。天然林保护修复实施期间，中龄林、近熟林和成熟林蓄积量增加较为明显，占总增加量70%左右。

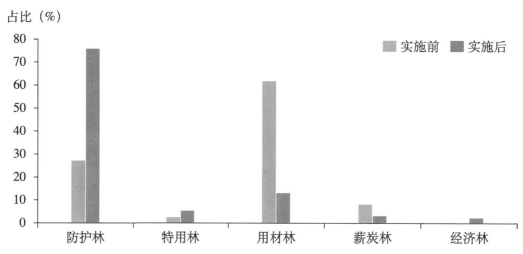

图2-14 陕西省天然林保护修复实施前后各林种面积所占比例

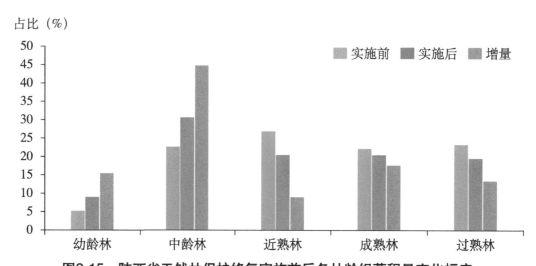

图2-15 陕西省天然林保护修复实施前后各林龄组蓄积量变化幅度

2.2.5 甘肃省

黄河上中游天然林保护修复实施前后，甘肃省天然林保护修复森林面积分别为140.52万公顷、214.24万公顷，分别占黄河上中游天然林保护修复实施前后总面积的9.03%和9.57%。天然林保护修复实施期间，甘肃省森林面积增加量为73.72万公顷，占黄河上中游天然林保护修复总增加量的10.80%，其增长幅度为52.46%。甘肃省天然林保护修复森林蓄积量分别为0.78亿立方米、1.16亿立方米，分别占黄河上中游天然林保护修复实施前后总蓄积量的15.36%和14.03%。天然林保护修复实施期间，甘肃省森林蓄积增加量为0.39亿立方米，占黄河上中游天然林保护修复总增加量的11.96%，其增长幅度为49.83%。

甘肃省天然林保护修复前后各林龄组森林面积变化如表2-6和图2-16所示，天然林保护修复实施前，中幼龄林面积较大，为56.33万公顷，占总面积的64.42%；天然林保护修复实施后，中幼龄林面积依然较大，为100.09万公顷，占总面积的72.26%。天然林保护修复实施期间，中幼龄林面积增加较为明显，占总增加量的85.67%。天然林保护修复实施后与实施前相比，除了幼龄林所占比重增加外，其余4个林龄组均出现了不同程度的降低。

表2-6　甘肃省天然林保护修复实施前后各林龄组森林面积和蓄积量变化情况

万公顷、万立方米

阶段	合计		幼龄林		中龄林		近熟林		成熟林		过熟林	
	面积	蓄积	面积	蓄积	面积	蓄积	面积	蓄积	面积	蓄积	面积	蓄积
实施前	87.44	7774.48	31.15	862.17	25.18	1850.76	9.32	886.98	13.71	2064.25	8.08	2110.32
实施后	138.52	11648.85	66.19	2006.04	33.90	2874.50	11.23	1436.99	15.64	2457.78	11.56	2873.54
增量	51.08	3874.37	35.04	1143.87	8.72	1023.74	1.91	550.01	1.93	393.53	3.48	763.22

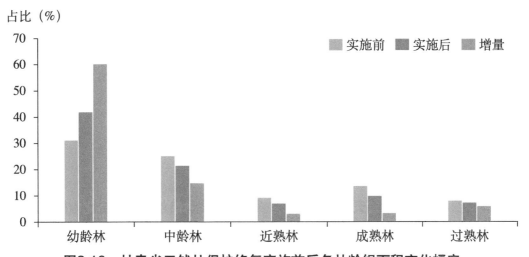

图2-16　甘肃省天然林保护修复实施前后各林龄组面积变化幅度

各林种面积的变化如图2-17所示，甘肃省天然林保护修复实施前和实施后，均以防护林面积最大，分别为73.70万公顷和114.27万公顷，占比为84.29%和82.49%；特用林增幅也较明显，面积增长了将近3倍。同时，用材林面积大幅度消减，从实施前的8.33%消减到了实施后的0.24%。

甘肃省天然林保护修复前后各林龄组森林蓄积量变化如表2-6和图2-18所示，天然林保护修复实施前，中林龄、成熟林和过熟林面积较大，且三者之间较为接近，所占比重介于23%~27%；天然林保护修复实施后，中林龄、成熟林和过熟林蓄积量依然较大，其所占比重介于21%~25%。天然林保护修复实施期间，幼龄林和中龄林蓄积量增加较为明显，占总增加量55%左右。

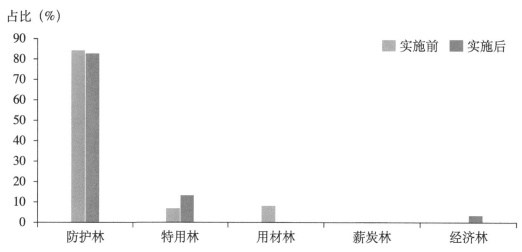

图2-17 甘肃省天然林保护修复实施前后各林种面积所占比例

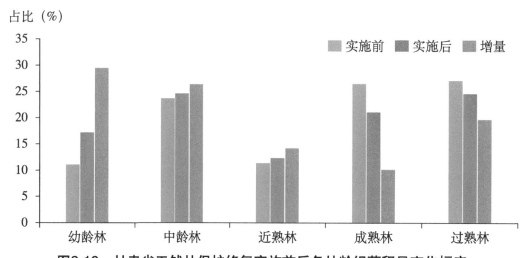

图2-18 甘肃省天然林保护修复实施前后各林龄组蓄积量变化幅度

2.2.6 青海省

黄河上中游天然林保护修复实施前后，青海省天然林保护修复森林面积分别为231.31万公顷、320.60万公顷，分别占黄河上中游天然林保护修复实施前后总面积的14.87%和14.32%。天然林保护修复实施期间，青海省森林面积增加量为89.29万公顷，占黄河上中游天然林保护修复总增加量的13.09%，其增长幅度为38.60%。青海省天然林保护修复森林蓄积量分别为0.30亿立方米、0.41亿立方米，分别占黄河上中游天然林保护修复实施前后总蓄积量的6.00%和4.96%。天然林保护修复实施期间，青海省森林蓄积增加量为0.11亿立方米，占黄河上中游天然林保护修复总增加量的3.33%，其增长幅度为35.50%。蓄积量占黄河上中游天然林保护修复总蓄积量比重严重低于面积的原因主要是青海省天然林保护修复内各优势树种（组）中，灌木林面积较大，在天然林保护修复实施前后，其占青海省天然林保护修复森林总面积的比例分别为87.56%和90.19%。并且，在青海省天然林保护修复实施期间，灌木林面积的增加量几乎等于青海省的增加量，为99.44%。

青海省天然林保护修复前后各林龄组森林面积变化如表2-7和图2-19所示，天然林保护修复实施前，中幼龄林面积较大，为18.43万公顷，占总面积的60.72%，其他3个林龄组所占比重均在10%左右；天然林保护修复实施后，中幼龄林面积依然较大，为19.61万公顷，占总面积的52.84%，其他3个林龄组所占比重较为接近，介于13%~22%；天然林保护修复实施期间，中龄林面积出现了减少，减少面积为0.93万公顷，幼龄林和成熟林面积增加较大，占总增加面积的79.14%。

表2-7 青海省天然林保护修复实施前后各林龄组森林面积和蓄积量变化情况

万公顷、万立方米

阶段	合计		幼龄林		中龄林		近熟林		成熟林		过熟林	
	面积	蓄积	面积	蓄积	面积	蓄积	面积	蓄积	面积	蓄积	面积	蓄积
实施前	30.35	3039.20	6.04	326.65	12.39	1162.87	4.32	460.33	4.40	559.87	3.20	529.48
实施后	37.11	4118.22	8.15	364.66	11.46	1218.40	4.86	691.28	7.64	954.51	5.00	889.37
增量	6.76	1079.02	2.11	38.01	-0.93	55.53	0.54	230.95	3.24	394.64	1.80	359.89

各林种面积的变化如图2-20所示，青海省天然林保护修复实施前防护林面积最大，为20.93万公顷，占比为68.96%，实施后面积出现一定幅度的减少，占比也降为了39.05%；特用林面积从实施前的8.38万公顷增长到了实施后的22.10万公顷，占比也从27.16%提升到了59.55%。

青海省天然林保护修复前后各林龄组森林蓄积量变化如表2-7和图2-21所示，天然林保护修复实施前，中林龄蓄积量较大，占总蓄积量的38.26%，其他4个林龄组所占比重介于10%~18%；天然林保护修复实施后，依然以中林龄面积最大，占比为29.59%，其次为成熟林和过熟林蓄积量较大，所占比重均在20%以上。

占比（%）

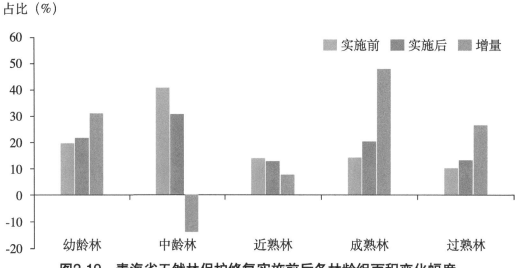

图2-19　青海省天然林保护修复实施前后各林龄组面积变化幅度

占比（%）

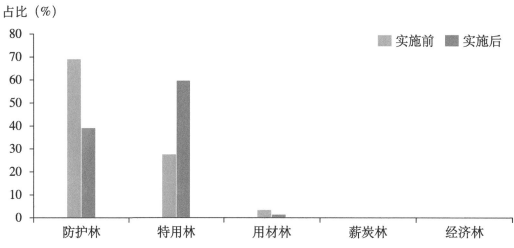

图2-20　青海省天然林保护修复实施前后各林种面积所占比例

占比（%）

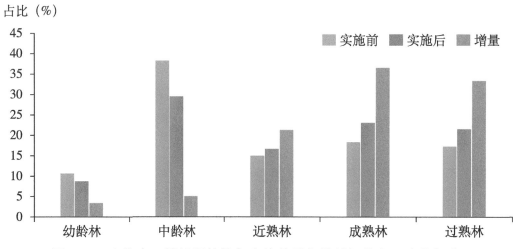

图2-21　青海省天然林保护修复实施前后各林龄组蓄积量变化幅度

2.2.7 宁夏回族自治区

黄河上中游天然林保护修复实施前后，宁夏回族自治区天然林保护修复森林面积分别为39.92万公顷、64.56万公顷，分别占黄河上中游天然林保护修复实施前后总面积的2.56%和2.88%。天然林保护修复实施期间，宁夏回族自治区森林面积增加量为24.64万公顷，占黄河上中游天然林保护修复总增加量的3.61%，其增长幅度为61.72%。宁夏回族自治区天然林保护修复森林蓄积量分别为0.04亿立方米、0.08亿立方米，分别占黄河上中游天然林保护修复实施前后总蓄积量的0.73%和0.98%。天然林保护修复实施期间，宁夏回族自治区森林蓄积增加量为0.04亿立方米，占黄河上中游天然林保护修复总增加量的1.37%，其增长了一倍。蓄积量占黄河上中游天然林保护修复总蓄积量比重严重低于面积的原因主要是宁夏回族自治区天然林保护修复内各优势树种（组）中，灌木林面积较大，在天然林保护修复实施前后，其占宁夏天然林保护修复森林总面积的比例分别为65.47%和73.42%。

宁夏回族自治区天然林保护修复前后各林龄组森林面积变化如表2-8和图2-22所示，天然林保护修复实施前，宁夏回族自治区天然林保护修复内没有过熟林，中幼龄林面积较大，为8.25万公顷，占总面积的91.97%；天然林保护修复实施后，中幼龄林面积依然较大，为12.91万公顷，占总面积的75.45%。天然林保护修复实施期间，幼龄林和近熟林面积增加较为明显，占总增加量的57.25%。

表2-8 宁夏回族自治区天然林保护修复实施前后各林龄组森林面积和蓄积量变化情况

万公顷、万立方米

阶段	合计		幼龄林		中龄林		近熟林		成熟林		过熟林	
	面积	蓄积	面积	蓄积	面积	蓄积	面积	蓄积	面积	蓄积	面积	蓄积
实施前	8.97	369.37	4.49	105.16	3.76	218.69	0.64	40.03	0.08	5.49	—	—
实施后	17.11	812.40	7.42	152.81	5.49	381.56	2.64	199.69	1.40	72.00	0.16	6.34
增量	8.14	443.03	2.93	47.65	1.73	162.87	2.00	159.66	1.32	66.51	0.16	6.34

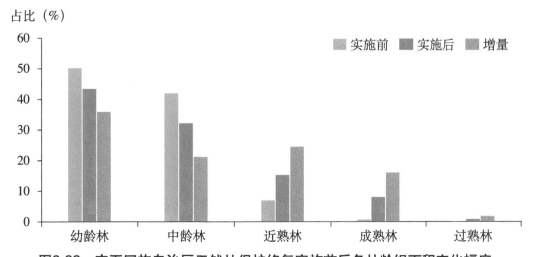

图2-22 宁夏回族自治区天然林保护修复实施前后各林龄组面积变化幅度

各林种面积的变化如图2-23所示，宁夏回族自治区天然林保护修复实施前和实施后，防护林面积从2.52万公顷增加到9.21万公顷，占比为28.09%和53.83%；特用林面积从5.17万公顷上升到7.22万公顷，占比从57.64%降为了42.20%。同时，用材林面积大幅度消减，从实施前的14.27%消减到了实施后的3.04%。

宁夏回族自治区天然林保护修复前后各林龄组森林蓄积量变化如表2-8和图2-24所示，天然林保护修复实施前，中幼林龄蓄积量较大，为323.85万立方米，占总蓄积量的87.68%；天然林保护修复实施后，中幼林龄蓄积量依然较大，但是其所占比重有所降低，为65.78%；近熟林蓄积量明显增加，实施后占总蓄积量的24.58%。天然林保护修复实施期间，中龄林和近熟林蓄积量增加较为明显，占总增加量72.80%。

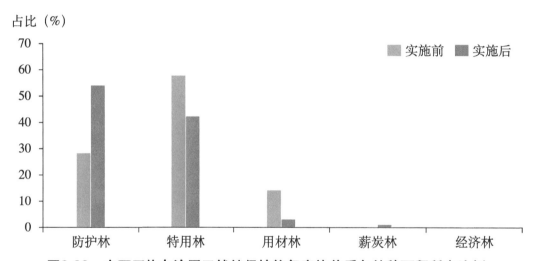

图2-23　宁夏回族自治区天然林保护修复实施前后各林种面积所占比例

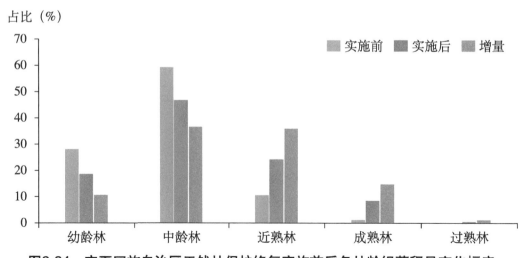

图2-24　宁夏回族自治区天然林保护修复实施前后各林龄组蓄积量变化幅度

第三章

黄河上中游天然林保护修复
生态效益物质量评估

依据中华人民共和国国家标准《森林生态系统服务功能评估规范》（GB/T 38582-2020），对黄河上中游天然林保护修复区按照天然林保护修复实施前、实施后和生态效益增量三方面分别从涵养水源、保育土壤、固碳释氧、林木养分固持和净化大气环境5项功能19个指标的生态效益物质量进行了评估。

3.1 总评估结果

3.1.1 实施前

黄河上中游天然林保护修复实施前生态效益物质量评估结果如表3-1所示，涵养水源物质量为305.10亿立方米/年；固土物质量为5.51亿吨/年；保肥物质量为3384.06万吨/年；固碳物质量（植被固碳和土壤固碳）为1555.37万吨/年；林木养分固持物质量为81.27万吨/年；提供负离子物质量为13.21×10^{25}个/年；吸收污染气体物质量为25.72亿千克/年；滞纳TSP、PM_{10}、$PM_{2.5}$物质量分别为2.90亿吨/年、9914.52万千克/年和2047.54万千克/年。其中，森林生态系统涵养水源量相当于2000年黄河流域水资源总量的53.91%；森林生态系统固土量相当于2000年黄河多年平均泥沙含量（1950—2000年）的46.50%。

表3-1 黄河上中游天然林保护修复生态系统服务物质量评估结果

功能项	实施前	实施后	生态效益增量
涵养水源（亿立方米/年）	305.10	512.45	207.35
固土量（亿吨/年）	5.51	9.73	4.22
保肥量（万吨/年）	3384.06	5470.09	2086.03
固碳量（万吨/年）	1555.37	2463.30	907.93

(续)

功能项		实施前	实施后	生态效益增量
林木养分固持量（万吨/年）		81.27	153.64	72.37
提供负离子量（×10²⁵个/年）		13.21	26.17	12.96
吸收污染气体量（亿千克/年）		25.72	45.46	19.74
滞纳颗粒物量	TSP（亿吨/年）	2.90	5.25	2.35
	PM₁₀（万千克/年）	9914.52	16071.77	6157.25
	PM₂.₅（万千克/年）	2047.54	3269.58	1222.04

3.1.2 实施后

黄河上中游天然林保护修复实施后生态效益物质量评估结果如表3-1所示，涵养水源物质量为512.45亿立方米/年；固土物质量为9.73亿吨/年；保肥物质量为5470.09万吨/年；固碳物质量（植被固碳和土壤固碳）为2463.30万吨/年；林木养分固持物质量为153.64万吨/年；提供负离子物质量为26.17×10²⁵个/年；吸收污染气体物质量为45.46亿千克/年；滞纳TSP、PM₁₀、PM₂.₅物质量分别为5.25亿吨/年、16071.77万千克/年和3269.58万千克/年，其中，涵养水源量、固土量、固碳量、提供负离子量、吸收污染气体量和滞尘量分别比实施前增长了67.96%、76.59%、58.37%、98.11%、76.75%、81.03%。其中，森林生态系统涵养水源量相当于2020年黄河流域水资源总量的55.86%；森林生态系统固土量与2020年黄河多年平均泥沙含量（1950—2020年）大致相当。

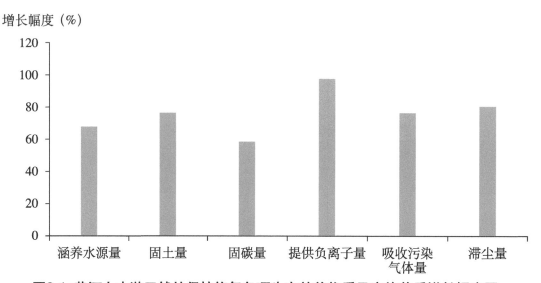

图3-1 黄河上中游天然林保护修复各项生态效益物质量实施前后增长幅度图

3.1.3 生态效益增量

黄河上中游天然林保护修复生态效益增量评估结果如表3-1所示，涵养水源物质量为207.35亿立方米/年；固土物质量为4.22亿吨/年；保肥物质量为2086.03万吨/年；固碳物质量（植被固碳和土壤固碳）为907.93万吨/年；林木养分固持物质量为72.37万吨/年；提供负离子物质量为12.96×10^{25}个/年；吸收污染气体物质量为19.74亿千克/年；滞纳TSP、$PM_{2.5}$、PM_{10}物质量分别为2.35亿吨/年、6157.25万千克/年和1222.04万千克/年，其分别相当于实施后的40.46%、43.37%、38.14%、36.86%、47.10%、49.52%、43.42%、44.76%、38.31%和37.38%（图3-2）。其中，森林生态系统涵养水源量相当于1998—2020年间黄河流域水资源总量增加量的73.30%；森林生态系统固土量相当于1998—2020年间黄河多年平均泥沙含量减少量的2倍余。

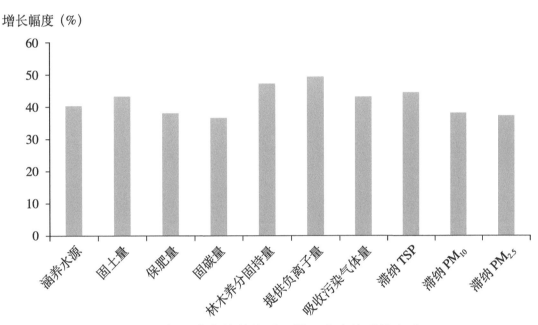

图3-2　各项生态效益物质量增量占实施后的比重

3.2 省级行政区评估结果

3.2.1 实施前

黄河上中游天然林保护修复实施前，7个省（自治区）同一生态效益物质量评估指标表现出明显的地区差异，且不同省（自治区）的生态效益主导功能不同，如表3-2、图3-3至图3-12所示。

表3-2 天然林保护修复实施前各省级行政区生态效益物质量评估结果

区域	涵养水源（亿立方米/年）	固土（亿吨/年）	保肥（万吨/年）	固碳（万吨/年）	林木养分固持（万吨/年）	提供负离子（×10²⁵个）	吸收污染气体（亿千克/年）	滞尘量（亿吨/年）	PM₁₀（万千克/年）	PM₂.₅（万千克/年）
山西省	27.97	0.69	707.31	235.74	18.47	1.07	3.02	0.28	1063.32	247.40
内蒙古自治区	52.07	1.24	600.12	204.87	17.63	3.70	6.86	0.84	2964.92	689.89
河南省	48.44	0.65	244.09	166.04	12.95	2.67	3.23	0.30	960.05	208.85
陕西省	81.77	1.39	775.52	417.63	20.00	4.55	6.90	0.76	2615.84	470.19
甘肃省	50.15	0.93	736.01	297.47	5.22	0.51	2.77	0.36	1026.04	189.14
青海省	38.10	0.49	192.91	205.68	4.74	0.58	2.47	0.31	1059.01	194.22
宁夏回族自治区	6.60	0.12	128.11	27.94	2.26	0.13	0.46	0.05	225.34	47.85
合计	305.10	5.51	3384.06	1555.37	81.27	13.21	25.72	2.90	9914.52	2047.54

（1）涵养水源功能

水作为一种基础性自然资源，是人类赖以生存的生命之源。而当前，随着人口的增长和对自然资源需求量的增加以及工业化的发展和环境状况的恶化，水资源需求量不断增加的同时，水环境也不断恶化，水资源短缺已成为世人共同关注的全球性问题。林地的水源管理功能需要得到足够的认识，它是人们安全生存以及可持续发展的基础（UK National Ecosystem Assessment，2011）。黄河上中游天然林保护修复区各省（自治区）森林生态系统涵养水源物质量占比排序如图3-3所示，陕西省、内蒙古自治区和甘肃省森林生态系统涵养水源物质量最大，占总物质量的60.30%，其下依次为河南省、青海省、山西省和宁夏回族自治区，其森林生态系统涵养水源物质量占总涵养水源物质量的39.70%。

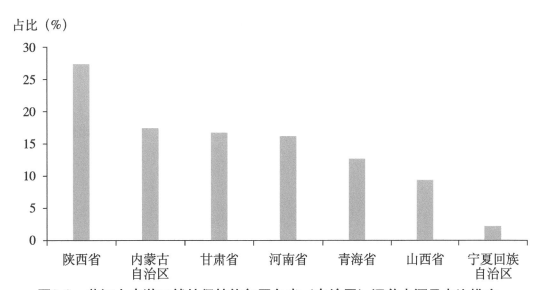

图3-3　黄河上中游天然林保护修复区各省（自治区）涵养水源量占比排序

（2）保育土壤功能

土壤是地表的覆盖物，充当着大气圈和岩石圈的交界面，是地球的最外层。土壤具有生物活性，并且是由有机和无机化合物、生物、空气和水形成的复杂混合物，是陆地生态系统中生命的基础（UK National Ecosystem Assessment，2011）；土壤养分增加可能会影响土壤碳储量，对土壤化学过程的影响较为复杂（UK National Ecosystem Assessment，2011）。黄河上中游天然林保护修复区各省（自治区）森林生态系统固土物质量占比排序如图3-4所示，陕西省、内蒙古自治区和甘肃省森林生态系统固土物质量最大，占总物质量的64.61%，其下依次为山西省、河南省、青海省和宁夏回族自治区，其森林生态系统固土物质量占总物质量的35.39%。

黄河上中游天然林保护修复区各省（自治区）森林生态系统保肥物质量占比排序如图3-5所示，陕西省、甘肃省和山西省森林生态系统保肥物质量最大，占总物质量的65.57%，其下依次为甘内蒙古自治区、河南省、青海省和宁夏回族自治区，其森林生态系统保肥物质量占总物质量的34.43%。

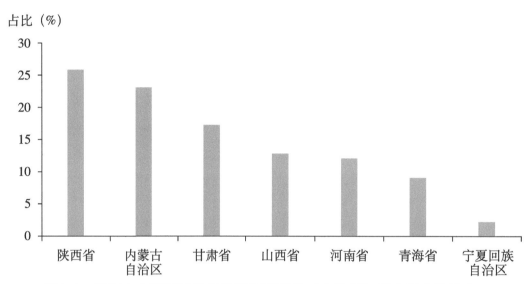

图3-4　黄河上中游天然林保护修复区各省（自治区）固土量占比排序

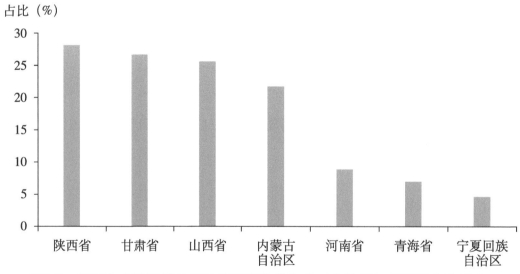

图3-5　黄河上中游天然林保护修复实施前各省（自治区）保肥量占比排序

（3）固碳释氧功能

英国提出并实施了"林地碳准则"，这是一个自愿碳封存项目的试点标准，该准则旨在通过鼓励对林地碳项目采取一致的做法，为以固碳为目的种植树木的企业和个人提供保障（UK National Ecosystem Assessment，2011）。黄河上中游天然林保护修复区各省（自治区）森林生态系统固碳物质量占比排序如图3-6所示，陕西省、甘肃省和山西省森林生态系统固碳物质量最大，占总物质量的61.13%，其下依次为青海省、内蒙古自治区、河南省和宁夏回族自治区，其森林生态系统固碳物质量占总物质量的38.87%。

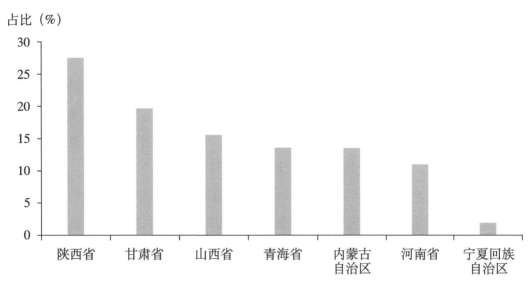

占比（%）

图3-6 黄河上中游天然林保护修复实施前各省（自治区）固碳量占比排序

（4）林木养分固持功能

林木在生长过程中不断从周围环境中吸收营养物质，固定在植物体中，成为全球生物化学循环不可缺少的环节。地下动植物（包括菌根关系）促进了基本的生物地球化学过程，促进土壤、植物养分和肥力的更新（UK National Ecosystem Assessment，2011）。黄河上中游天然林保护修复区各省（自治区）森林生态系统林木养分固持物质量占比排序如图3-7所示，陕西省和山西省、内蒙古自治区森林生态系统林木养分固持物质量较大，占

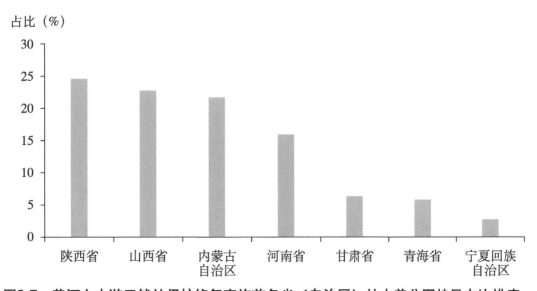

占比（%）

图3-7 黄河上中游天然林保护修复实施前各省（自治区）林木养分固持量占比排序

总物质量的69.03%，其下依次为河南省、甘肃省、青海省和宁夏回族自治区，其森林生态系统林木养分固持物质量占总物质量的30.97%。

（5）净化大气环境功能

空气负离子是一种重要的无形旅游资源，具有杀菌、降尘、清洁空气的功效，被誉为"空气维生素与生长素"，对人体健康十分有益；还能改善肺器官功能，增加肺部吸氧量，促进人体新陈代谢，激活肌体多种酶和改善睡眠，提高人体免疫力、抗病能力（牛香等，2017）。黄河上中游天然林保护修复区各省（自治区）森林生态系统提供负离子物质量占比排序如图3-8所示，陕西省、内蒙古自治区和河南省森林生态系统提供负离子物质量较大，占总物质量的82.66%，其下依次为山西省、青海省、甘肃省和宁夏回族自治区，其森林生态系统提供负离子物质量占总物质量的17.34%。

黄河上中游天然林保护修复区各省（自治区）森林生态系统吸收污染气体物质量占比排序如图3-9所示，陕西省、内蒙古自治区和河南省森林生态系统吸收污染气体物质量较大，占总物质量的66.06%，其下依次为山西省、甘肃省、青海省和宁夏回族自治区，其森林生态系统吸收污染气体物质量占总物质量的33.94%。

黄河上中游天然林保护修复区各省（自治区）森林生态系统滞尘物质量占比排序如图3-10所示，内蒙古自治区、陕西省和甘肃省森林生态系统滞尘物质量较大，占总物质量的67.59%，其下依次为青海省、河南省、山西省和宁夏回族自治区，其森林生态系统滞尘物质量占总物质量的32.41%。

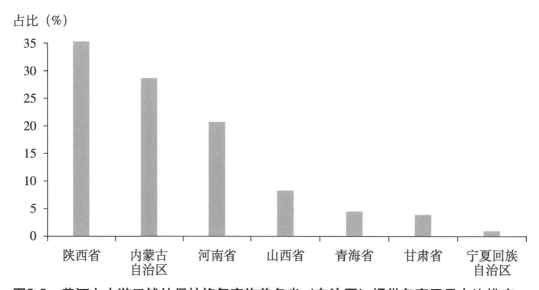

图3-8　黄河上中游天然林保护修复实施前各省（自治区）提供负离子量占比排序

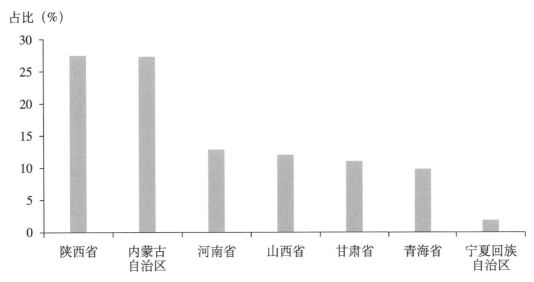

图3-9　黄河上中游天然林保护修复实施前各省（自治区）吸收污染气体量占比排序

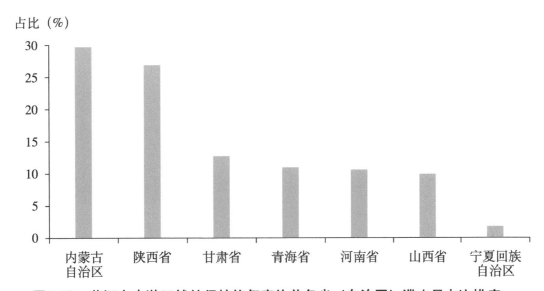

图3-10　黄河上中游天然林保护修复实施前各省（自治区）滞尘量占比排序

黄河上中游天然林保护修复区各省（自治区）森林生态系统滞纳PM_{10}物质量占比排序如图3-11所示，内蒙古自治区、陕西省和山西省森林生态系统滞纳PM_{10}物质量较大，占总物质量的67.01%，其下依次为青海省、甘肃省、河南省和宁夏回族自治区，其森林生态系统滞纳PM_{10}物质量占总物质量的32.99%。

黄河上中游天然林保护修复区各省（自治区）森林生态系统滞纳$PM_{2.5}$物质量占比排序如图3-12所示，内蒙古自治区、陕西省和山西省森林生态系统滞纳$PM_{2.5}$物质量较大，占总物质量的68.74%，其下依次为河南省、青海省、甘肃省和宁夏回族自治区，其森林生态系统滞纳$PM_{2.5}$物质量占总物质量的31.26%。

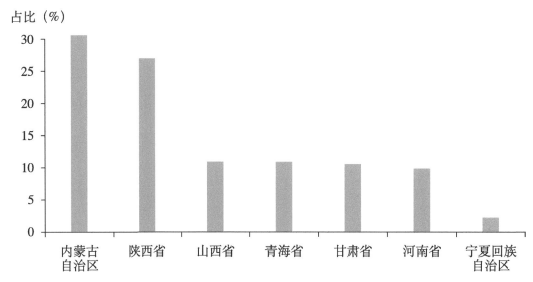

图3-11 黄河上中游天然林保护修复实施前各省（自治区）吸滞PM$_{10}$量占比排序

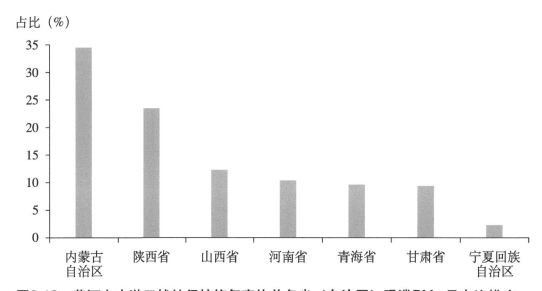

图3-12 黄河上中游天然林保护修复实施前各省（自治区）吸滞PM$_{2.5}$量占比排序

3.2.2 实施后

黄河上中游天然林保护修复实施后，7个省（自治区）同一生态效益物质量评估指标表现出明显的地区差异，且不同省（自治区）的生态效益主导功能不同，如表3-3、图3-13至图3-22所示。

表3-3　天然林保护修复实施后各省级行政区生态效益物质量评估结果

区域	涵养水源 (亿立方米/年)	固土 (亿吨/年)	保肥 (万吨/年)	固碳 (万吨/年)	林木养分固持 (万吨/年)	提供负离子 (×10²⁵个)	吸收污染气体 (亿千克/年)	滞尘量 (亿吨/年)	PM₁₀ (万千克/年)	PM₂.₅ (万千克/年)
山西省	50.05	1.40	1112.18	338.95	26.00	2.33	5.17	0.60	1829.37	347.97
内蒙古自治区	62.02	1.72	856.17	302.36	31.53	6.59	11.30	1.32	4235.86	958.27
河南省	96.10	1.52	542.42	275.49	30.68	5.33	5.99	0.69	1848.62	351.09
陕西省	138.47	2.31	1240.71	712.85	35.50	7.69	11.97	1.29	3900.07	757.13
甘肃省	95.21	1.81	1149.26	516.03	19.90	2.94	5.54	0.71	2127.71	443.94
青海省	53.68	0.71	303.72	256.36	7.27	0.83	4.44	0.52	1746.02	331.04
宁夏回族自治区	16.92	0.26	265.63	61.26	2.76	0.46	1.05	0.12	384.12	80.14
合计	512.45	9.73	5470.09	2463.30	153.64	26.17	45.46	5.25	16071.77	3269.58

（1）涵养水源功能

黄河上中游天然林保护修复区各省（自治区）森林生态系统涵养水源物质量占比排序如图3-13所示，陕西省、河南省和甘肃省森林生态系统涵养水源物质量较大，占总物质量的64.35%，其下依次为内蒙古自治区、青海省、山西省和宁夏回族自治区，其森林生态系统涵养水源物质量占总涵养水源物质量的35.65%。

（2）保育土壤功能

土壤资源是环境中的一个基本组成部分，它们提供支持生物资源生产和循环所需的物质基础，是农业和森林系统的营养素和水的来源，为多种多样的生物提供生境，在碳固存方面发挥着至关重要的作用，对环境变化起到复杂的缓冲作用（SEEA，2012）。黄河上中游天然林保护修复区各省（自治区）森林生态系统固土物质量占比排序如图3-14所示，

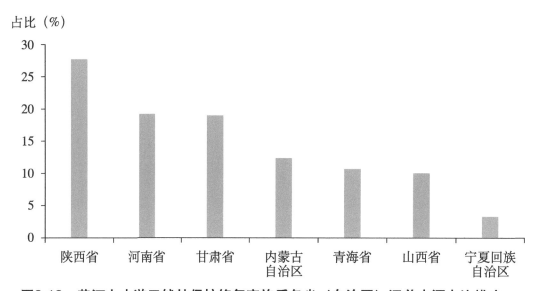

图3-13　黄河上中游天然林保护修复实施后各省（自治区）涵养水源占比排序

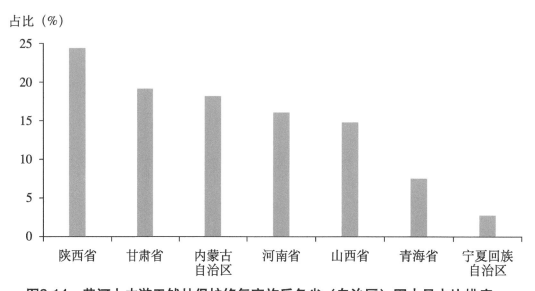

图3-14　黄河上中游天然林保护修复实施后各省（自治区）固土量占比排序

陕西省、甘肃省和内蒙古自治区森林生态系统固土物质量较大，占总物质量的60.02%，其下依次为河南省、山西省、青海省和宁夏回族自治区，其森林生态系统固土物质量占总物质量的39.98%。

黄河上中游天然林保护修复区各省（自治区）份森林生态系统保肥物质量占比排序如图3-15所示，陕西省、甘肃省和山西省森林生态系统保肥物质量较大，占总物质量的64.02%，其下依次为内蒙古自治区、河南省、青海省和宁夏回族自治区，其森林生态系统保肥物质量占总物质量的35.98%。

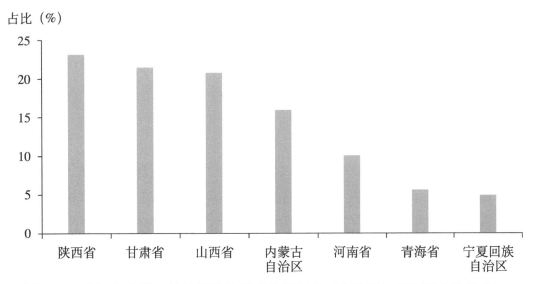

图3-15　黄河上中游天然林保护修复实施后各省（自治区）保肥量占比排序

（3）固碳释氧功能

英国科学家研究表明生长高峰期的针叶林，每年可从大气中吸收二氧化碳约24吨/公顷，生产性针叶作物的净长期平均吸收二氧化碳值约为14吨/（公顷·年）；栎树林在生长高峰期，二氧化碳储存速率约为15吨/（公顷·年），净长期平均二氧化碳吸收值约为7吨/（公顷·年）（UK National Ecosystem Assessment，2011）。黄河上中游天然林保护修复区各省（自治区）森林生态系统固碳物质量占比排序如图3-16所示，陕西省、山西省和内蒙古自治区森林生态系统固碳物质量较大，占总物质量的61.87%，其下依次为甘肃省、河南省、青海省和宁夏回族自治区，其森林生态系统固碳物质量占总物质量的38.13%。

占比（%）

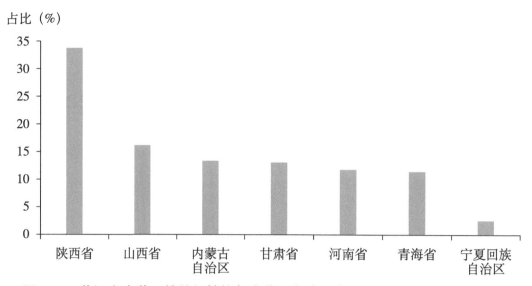

图3-16　黄河上中游天然林保护修复实施后各省（自治区）固碳量占比排序

（4）林木养分固持功能

黄河上中游天然林保护修复区各省（自治区）份森林生态系统林木养分固持物质量占比排序如图3-17所示，陕西省、内蒙古自治区和河南省森林生态系统林木养分固持物质量较大，占总物质量的64.29%，其下依次为山西省、甘肃省、青海省和宁夏回族自治区，其森林生态系统林木养分固持物质量占总物质量的35.71%。

占比（%）

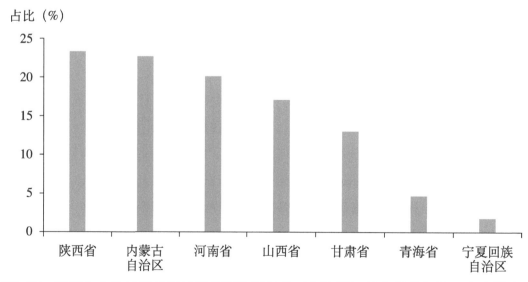

图3-17　黄河上中游天然林保护修复实施后各省（自治区）林木养分固持量占比排序

(5) 净化大气环境功能

树木可以吸收污染物，也可将污染物吸附到树叶和树皮表面（UK National Ecosystem Assessment，2011）。黄河上中游天然林保护修复区各省（自治区）森林生态系统提供负离子物质量占比排序如图3-18所示，陕西省、内蒙古自治区和河南省森林生态系统提供负离子物质量较大，占总物质量的76.08%，其下依次为甘肃省、山西省、青海省和宁夏回族自治区，其森林生态系统提供负离子物质量占总物质量的23.92%。

黄河上中游天然林保护修复区各省（自治区）森林生态系统吸收污染气体物质量占比排序如图3-19所示，陕西省、内蒙古自治区和河南省森林生态系统吸收污染气体物质量较大，占总物质量的63.26%，其下依次为甘肃省、山西省、青海省和宁夏回族自治区，其森林生态系统吸收污染气体物质量占总物质量的36.74%。

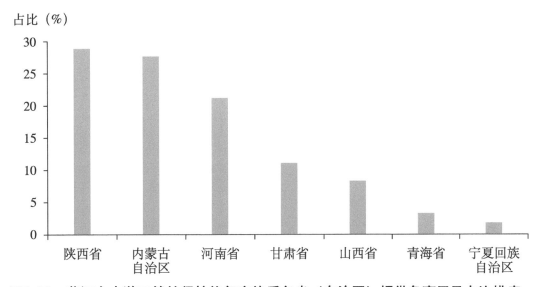

图3-18　黄河上中游天然林保护修复实施后各省（自治区）提供负离子量占比排序

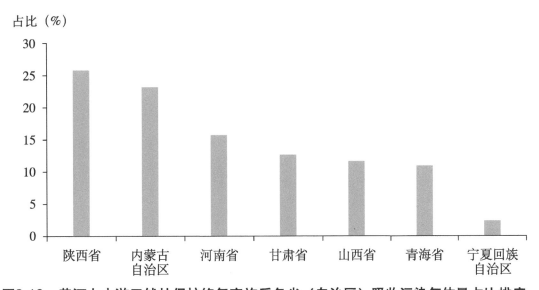

图3-19　黄河上中游天然林保护修复实施后各省（自治区）吸收污染气体量占比排序

黄河上中游天然林保护修复区各省（自治区）森林生态系统滞尘物质量占比排序如图3-20所示，内蒙古自治区、陕西省和甘肃省森林生态系统滞尘物质量较大，占总物质量的63.24%，其下依次为河南省、山西省、青海省和宁夏回族自治区，其森林生态系统滞尘物质量占总物质量的36.76%。

黄河上中游天然林保护修复区各省（自治区）森林生态系统滞纳PM_{10}物质量占比排序如图3-21所示，内蒙古自治区、陕西省和山西省森林生态系统滞纳PM_{10}物质量较大，占总物质量的62.00%，其下依次为甘肃省、河南省、青海省和宁夏回族自治区，其森林生态系统滞纳PM_{10}物质量占总物质量的38.00%。

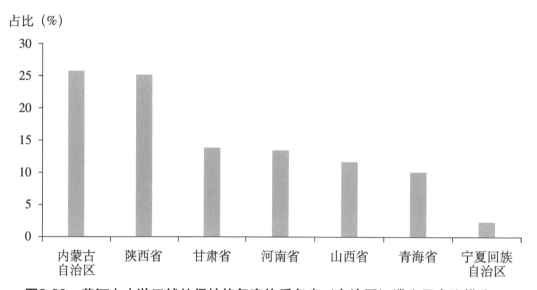

图3-20 黄河上中游天然林保护修复实施后各省（自治区）滞尘量占比排序

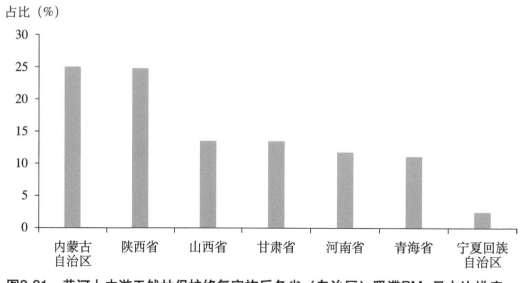

图3-21 黄河上中游天然林保护修复实施后各省（自治区）吸滞PM_{10}量占比排序

黄河上中游天然林保护修复区各省（自治区）森林生态系统滞纳$PM_{2.5}$物质量占比排序如图3-22所示，内蒙古自治区、陕西省和甘肃省森林生态系统滞纳$PM_{2.5}$物质量较大，占总物质量的66.04%，其下依次为河南省、山西省、青海省和宁夏回族自治区，其森林生态系统滞纳$PM_{2.5}$物质量占总物质量的33.96%。

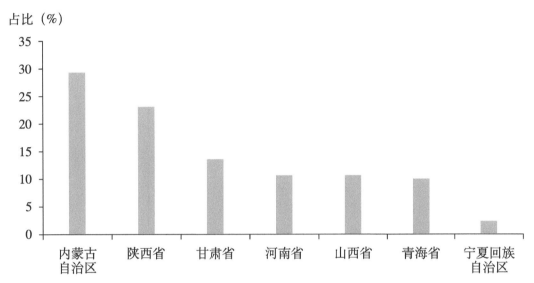

图3-22　黄河上中游天然林保护修复实施后各省（自治区）吸滞$PM_{2.5}$量占比排序

3.2.3 生态效益增量

黄河上中游天然林保护修复生态效益增量评估结果显示，7个省（自治区）同一生态效益物质量评估指标表现出明显的地区差异，且不同省（自治区）的生态效益主导功能不同，如表3-4和图3-23至图3-32所示。

表3-4 天然林保护修复各省级行政区生态效益增量评估结果

区域	涵养水源 (亿立方米/年)	固土 (亿吨/年)	保肥 (万吨/年)	固碳 (万吨/年)	林木养分固持 (万吨/年)	提供负离子 (×10²⁵个)	吸收污染气体 (亿千克/年)	滞尘量 (亿吨/年)	PM₁₀ (万千克/年)	PM₂.₅ (万千克/年)
山西省	22.08	0.71	404.87	103.21	7.53	1.26	2.15	0.32	766.05	103.57
内蒙古自治区	9.95	0.48	256.05	97.49	13.90	2.89	4.44	0.48	1270.94	268.38
河南省	47.66	0.87	298.33	109.45	17.73	2.66	2.76	0.39	888.57	105.05
陕西省	56.70	0.92	485.19	295.22	15.50	3.14	5.07	0.53	1284.23	286.94
甘肃省	45.06	0.88	393.25	218.56	14.68	2.43	2.77	0.35	1101.67	254.80
青海省	15.58	0.22	110.81	50.68	2.53	0.25	1.97	0.21	687.01	171.01
宁夏回族自治区	10.32	0.14	137.52	33.32	0.50	0.33	0.59	0.07	158.78	32.29
合计	207.35	4.22	2086.02	907.93	72.37	12.96	19.74	2.35	6157.25	1222.04

（1）涵养水源功能

黄河上中游天然林保护修复区各省（自治区）森林生态系统涵养水源物质量占比排序如图3-23所示，陕西省、河南省和甘肃省森林生态系统涵养水源物质量最大，占总物质量的72.06%，其下依次为山西省、青海省、宁夏回族自治区和内蒙古自治区其森林生态系统涵养水源物质量占总涵养水源物质量的27.94%。

（2）保育土壤功能

黄河上中游天然林保护修复区各省（自治区）森林生态系统固土物质量占比排序如图3-24所示，陕西省、甘肃省和河南省区森林生态系统固土物质量较大，占总物质量的

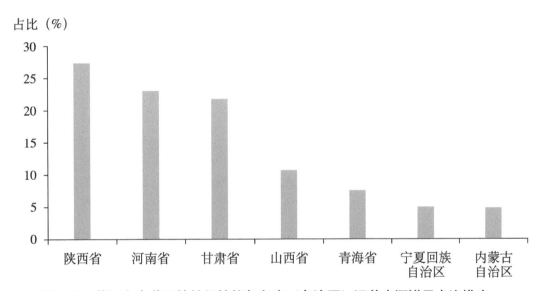

图3-23 黄河上中游天然林保护修复各省（自治区）涵养水源增量占比排序

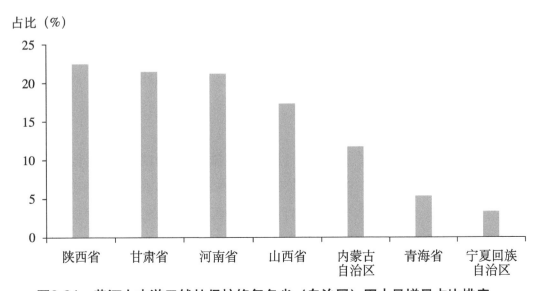

图3-24 黄河上中游天然林保护修复各省（自治区）固土量增量占比排序

63.27%，其下依次为山西省、内蒙古自治区、青海省和宁夏回族自治区，其森林生态系统固土物质量占总物质量的38.86%。

黄河上中游天然林保护修复区各省（自治区）森林生态系统保肥物质量占比排序如图3-25所示，陕西省、山西省和甘肃省森林生态系统保肥物质量较大，占总物质量的61.52%，其下依次为河南省、内蒙古自治区、宁夏回族自治区和青海省，其森林生态系统保肥物质量占总物质量的36.73%。

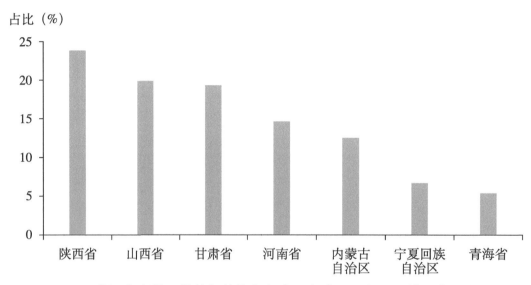

图3-25　黄河上中游天然林保护修复各省（自治区）保肥量增量占比排序

（3）固碳释氧功能

黄河上中游天然林保护修复区各省（自治区）森林生态系统固碳物质量占比排序如图3-26所示，陕西省、甘肃省和河南省森林生态系统固碳物质量最大，占总物质量的68.64%，其下依次为山西省、内蒙古自治区、青海省和宁夏回族自治区，其森林生态系统固碳物质量占总物质量的31.36%。

（4）林木养分固持功能

黄河上中游天然林保护修复区各省（自治区）森林生态系统林木养分固持物质量占比排序如图3-27所示，河南省、甘肃省和陕西省森林生态系统林木养分固持物质量较大，占总物质量的66.20%，其下依次为内蒙古自治区、山西省、青海省和宁夏回族自治区，其森林生态系统林木养分固持物质量占总物质量的33.80%。

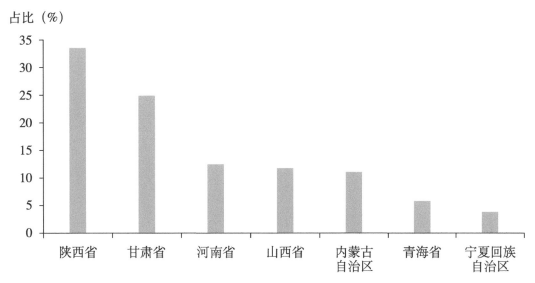

图3-26 黄河上中游天然林保护修复各省（自治区）固碳量增量占比排序

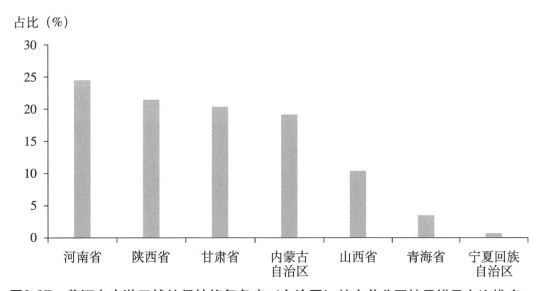

图3-27 黄河上中游天然林保护修复各省（自治区）林木养分固持量增量占比排序

（5）净化大气环境功能

黄河上中游天然林保护修复区各省（自治区）森林生态系统提供负离子物质量占比排序如图3-28所示，陕西省、内蒙古自治区和河南省森林生态系统提供负离子物质量较大，占总物质量的67.05%，其下依次为甘肃省、山西省、宁夏回族自治区和青海省，其森林生态系统提供负离子物质量占总物质量的32.95%。

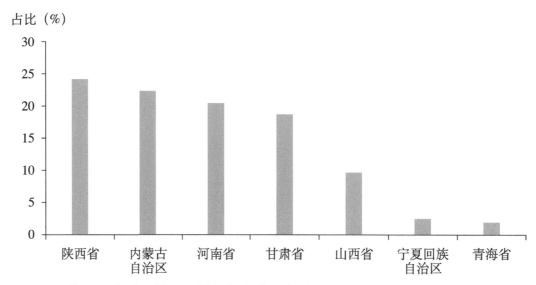

图3-28 黄河上中游天然林保护修复各省（自治区）提供负离子量增量占比排序

黄河上中游天然林保护修复区各省（自治区）森林生态系统吸收污染气体物质量占比排序如图3-29所示，陕西省、内蒙古自治区和甘肃省森林生态系统吸收污染气体物质量较大，占总物质量的62.20%，其下依次为河南省、山西省、青海省和宁夏回族自治区，其森林生态系统吸收污染气体物质量占总物质量的37.80%。

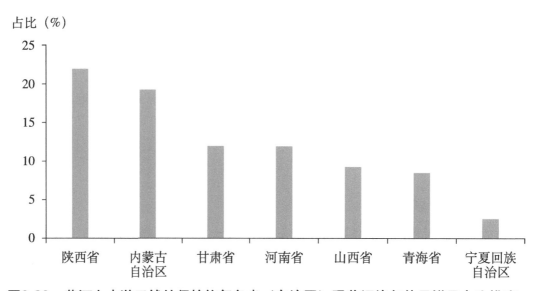

图3-29 黄河上中游天然林保护修复各省（自治区）吸收污染气体量增量占比排序

黄河上中游天然林保护修复区各省（自治区）森林生态系统滞尘物质量占比排序如图3-30所示，陕西省、内蒙古自治区和河南省森林生态系统滞尘物质量较大，占总物质量的59.57%，其下依次为甘肃省、山西省、青海省和宁夏回族自治区，其森林生态系统滞尘物质量占总物质量的40.43%。

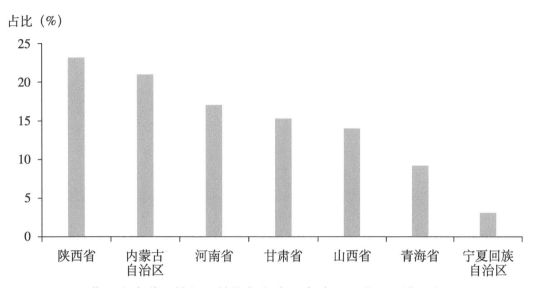

图3-30　黄河上中游天然林保护修复各省（自治区）滞尘量增量占比排序

黄河上中游天然林保护修复区各省（自治区）森林生态系统滞纳PM_{10}物质量占比排序如图3-31所示，陕西省、内蒙古自治区和甘肃省森林生态系统滞纳PM_{10}物质量较大，占总物质量的59.39%，其下依次为河南省、山西省、青海省和宁夏回族自治区，其森林生态系统滞纳PM_{10}物质量占总物质量的40.61%。

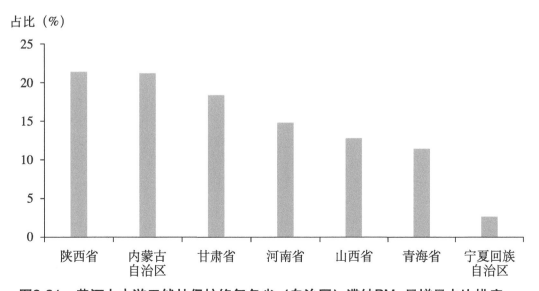

图3-31　黄河上中游天然林保护修复各省（自治区）滞纳PM_{10}量增量占比排序

　　黄河上中游天然林保护修复区各省（自治区）森林生态系统滞纳PM$_{2.5}$物质量占比排序如图3-32所示，陕西省、内蒙古自治区和甘肃省森林生态系统滞纳PM$_{2.5}$物质量较大，占总物质量的66.29%，其下依次为青海省、河南省、山西省和宁夏回族自治区，其森林生态系统滞纳PM$_{2.5}$物质量占总物质量的33.71%。

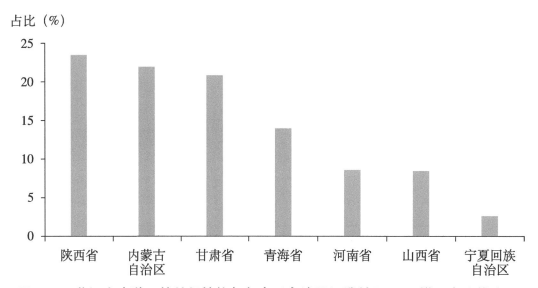

图3-32　黄河上中游天然林保护修复各省（自治区）滞纳PM$_{2.5}$量增量占比排序

第四章

黄河上中游天然林保护修复
生态效益价值量评估

依据中华人民共和国国家标准《森林生态系统服务功能评估规范》(GB/T 38582—2020)，对黄河上中游天然林保护修复按照天然林保护修复实施前、实施后和生态效益增量分别从涵养水源、保育土壤、固碳释氧、林木养分固持、净化大气环境和生物多样性保护6项功能的生态效益价值量进行了评估。

黄河上中游天然林保护修复生态效益价值量评估是指从货币价值量的角度对黄河上中游天然林保护修复提供的服务进行定量评估，其评估结果都是货币值，可以将不同生态系统的同一项生态系统服务进行比较，也可以将黄河上中游天然林保护修复生态效益的各单项服务综合起来，就使得价值量更具有直观性。

4.1 总评估结果

4.1.1 实施前

黄河上中游天然林保护修复实施前生态效益价值量评估结果如表4-1和图4-1所示，其生态效益总价值量为6936.96亿元/年，其中：涵养水源功能价值量（绿色水库）为1834.33亿元/年、保育土壤功能价值量为1455.62亿元/年、固碳释氧功能价值量（绿色碳库）为433.82亿元/年、林木养分固持功能价值量为144.08亿元/年、净化大气环境功能价值量（净化环境氧吧库）为1496.42亿元/年、生物多样性保护功能价值量（绿色基因库）为1572.69亿元/年。各项生态功能价值量所占比例大小排序为：涵养水源功能（绿色水库）（26.44%）、生物多样性保护功能（绿色基因库）（22.68%）、净化大气环境功能（净化环境氧吧库）（21.57%）、保育土壤功能（20.98%）、固碳释氧功能（绿色碳库）（6.25%）、林木养分固持功能（2.08%）。由此可以看出，黄河上中游天然林保护修复实施前，生态效益以涵养水源功能和生物多样性保护功能为主，其价值量占据了总价值量的50%左右。

表4-1　黄河上中游天然林保护修复实施前生态效益价值量评估结果

亿元/年

功能项	涵养水源	保育土壤	固碳释氧	林木养分固持	净化大气环境	生物多样性保护	合计
价值量	1834.33	1455.62	433.82	144.08	1496.42	1572.69	6936.96

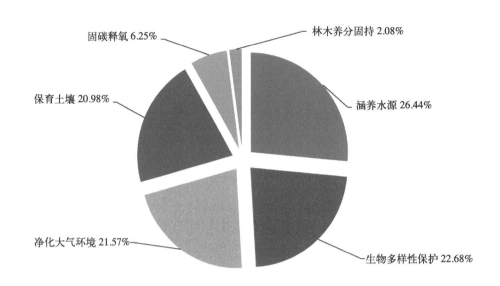

图4-1　黄河上中游天然林保护修复实施前各生态功能价值量所占比例

　　黄河上中游天然林保护修复实施前，各省（自治区）生态效益总价值量所占比例如图4-2所示，陕西省＞河南省＞内蒙古自治区＞山西省＞甘肃省＞青海省＞宁夏回族自治区，前3个省份生态效益总价值量占到了工程区总价值量的64.19%。其中，河南省生态效益价值量排序较为靠前的原因是在物质量转化价值量的过程中，使用到了《环境保护税法》中的应税污染物在各省的征收金额，河南省的水污染物和大气污染物征收税额是其他省份的4倍（山西省的3倍），所以河南省的生态效益价值量较高。

　　黄河上中游天然林保护修复实施前森林生态效益"四库"空间分布如图4-3至图4-6所示。

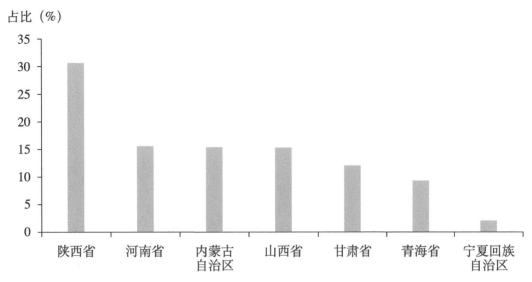

图4-2　黄河上中游天然林保护修复实施前各省（自治区）总价值量所占比例

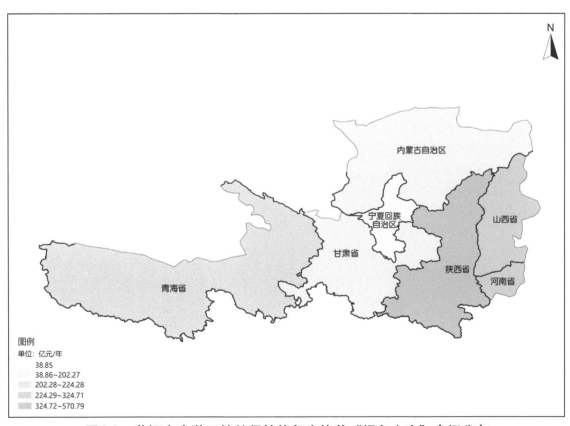

图4-3　黄河上中游天然林保护修复实施前"绿色水库"空间分布

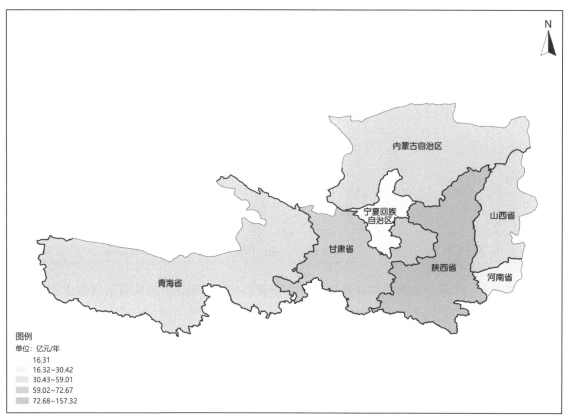

图例
单位：亿元/年
16.31
16.32~30.42
30.43~59.01
59.02~72.67
72.68~157.32

图4-4　黄河上中游天然林保护修复实施前"绿色碳库"空间分布

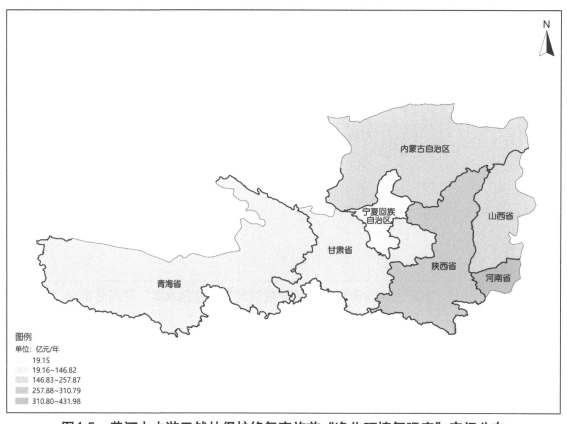

图例
单位：亿元/年
19.15
19.16~146.82
146.83~257.87
257.88~310.79
310.80~431.98

图4-5　黄河上中游天然林保护修复实施前"净化环境氧吧库"空间分布

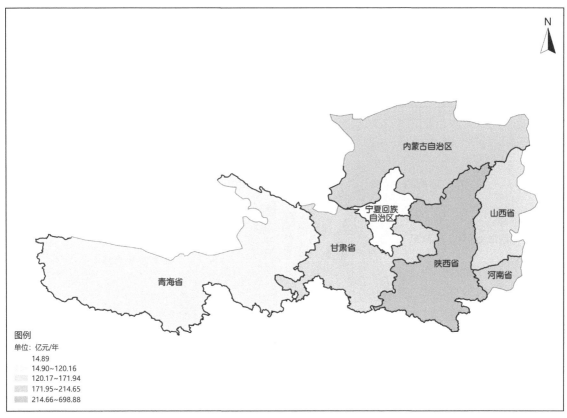

图4-6　黄河上中游天然林保护修复实施前"绿色基因库"空间分布

4.1.2　实施后

黄河上中游天然林保护修复实施后生态效益价值量评估结果如表4-2和图4-7所示，其生态效益总价值量为11880.84亿元/年，其中：涵养水源功能价值量（绿色水库）为3391.61亿元/年、保育土壤功能价值量为2154.62亿元/年、固碳释氧功能价值量（绿色碳库）为800.81亿元/年、林木养分固持功能价值量为253.14亿元/年、净化大气环境功能价值量（净化环境氧吧库）为1946.55亿元/年、生物多样性保护功能价值量（绿色基因库）为3334.11亿元/年。各项生态功能价值量所占比例大小排序为：涵养水源功能（绿色水库）（28.55%）、生物多样性保护功能（绿色基因库）（28.06%）、保育土壤功能（18.14%）、净化大气环境功能（净化环境氧吧库）（16.38%）、固碳释氧功能（绿色碳库）（6.74%）、林木养分固持功能（2.13%）。由此可以看出，黄河上中游天然林保护修复实施后，生态效益依然以涵养水源功能和生物多样性保护功能为主，且二者所占比例分别与实施前相比，均有所增长，两项功能价值量占据了总价值量的50%以上。

表4-2　黄河上中游天然林保护修复实施后生态效益价值量评估结果

亿元/年

功能项	涵养水源	保育土壤	固碳释氧	林木养分固持	净化大气环境	生物多样性保护	合计
价值量	3391.61	2154.62	800.81	253.14	1946.55	3334.11	11880.84

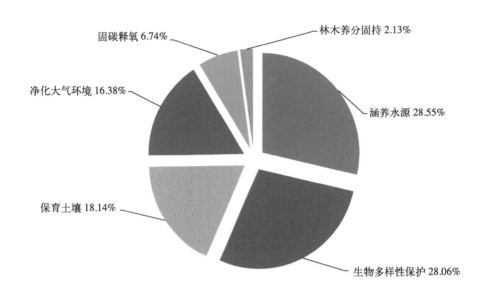

图4-7　黄河上中游天然林保护修复实施后各生态功能价值量所占比例

　　黄河上中游天然林保护修复实施后，各省（自治区）生态效益总价值量所占比例如图4-8所示，陕西省＞河南省＞山西省＞内蒙古自治区＞甘肃省＞青海省＞宁夏回族自治区，前3个省份生态效益总价值量占到了工程区总价值量的65.02%。其中，河南省生态效益价值量排序较为靠前的原因是在物质量转化价值量的过程中，使用到了《环保税法》中的应税污染物在各省的征收金额，河南省的水污染物和大气污染物征收税额是其他省份的4倍（山西省的3倍），所以河南省的生态效益价值量较高。

　　黄河上中游天然林保护修复实施后森林生态效益"四库"空间分布如图4-9至图4-12所示。

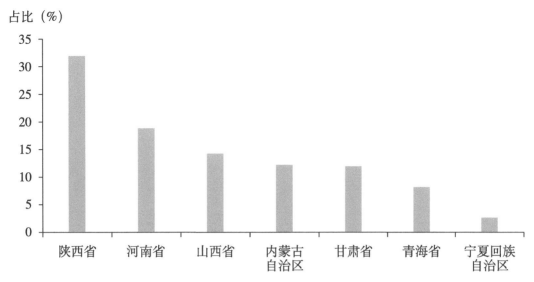

图4-8　黄河上中游天然林保护修复实施后各省（自治区）总价值量所占比例

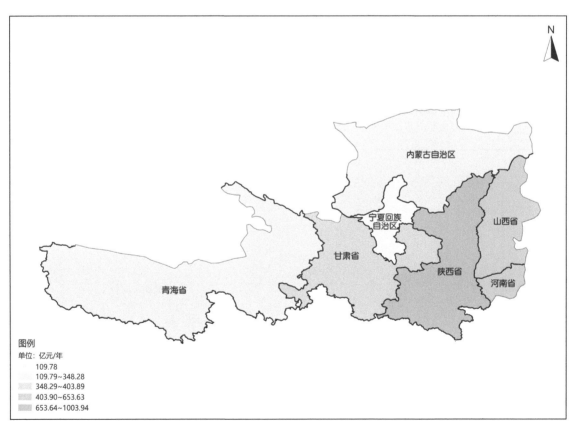

图4-9　黄河上中游天然林保护修复实施后"绿色水库"空间分布

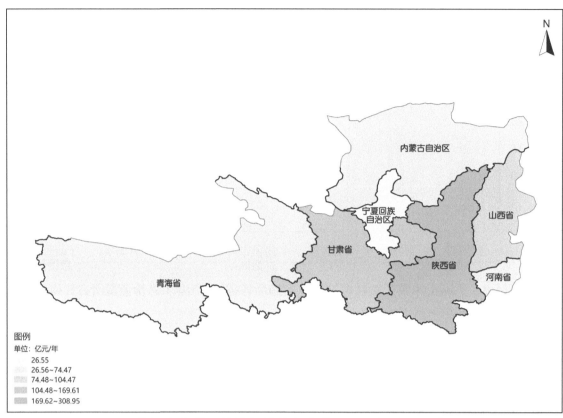

图4-10 黄河上中游天然林保护修复实施后"绿色碳库"空间分布

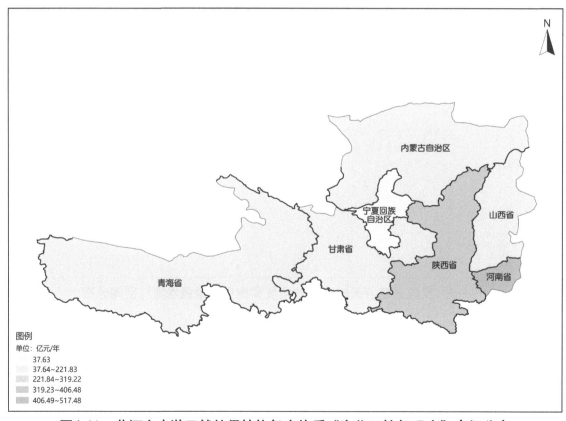

图4-11 黄河上中游天然林保护修复实施后"净化环境氧吧库"空间分布

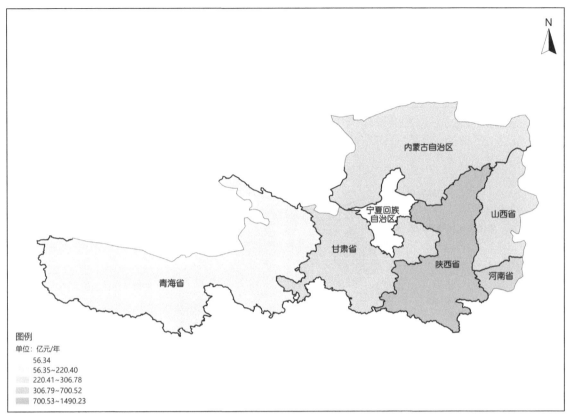

图4-12　黄河上中游天然林保护修复实施后"绿色基因库"空间分布

4.1.3 生态效益增量

黄河上中游天然林保护修复生态效益增量评估结果如表4-3和图4-13所示，其生态效益总价值量为4943.88亿元/年，分别相当于天然林保护修复实施前和实施后生态效益总价值量的71.27%和41.61%。其中：涵养水源功能价值量（绿色水库）为1557.28元/年、保育土壤功能价值量为699.00亿元/年、固碳释氧功能价值量（绿色碳库）为366.99亿元/年、林木养分固持功能价值量为109.06亿元/年、净化大气环境功能价值量（净化环境氧吧库）为450.13亿元/年、生物多样性保护功能价值量（绿色基因库）为1761.42亿元/年。各项生态功能价值量所占比例大小排序为：生物多样性保护功能（绿色基因库）（35.63%）、涵养水源功能（绿色水库）（31.50%）、保育土壤功能（14.14%）、净化大气环境功能（净化环境氧吧库）（9.10%）、固碳释氧功能（绿色碳库）（7.42%）、林木养分固持功能（2.21%）。由此可以看出，黄河上中游天然林保护修复各项生态效益增量中，生物多样性保护功能排名首位，说明黄河流域上游中天然林保护修复的实施，对于生物多样性的保护和恢复起到了极大的作用，为更多的生物提供了良好的栖息地环境。

表4-3 黄河上中游天然林保护修复生态效益增量评估结果

亿元/年

功能项	涵养水源	保育土壤	固碳释氧	林木养分固持	净化大气环境	生物多样性保护	合计
价值量	1557.28	699.00	366.99	109.06	450.13	1761.42	4943.88

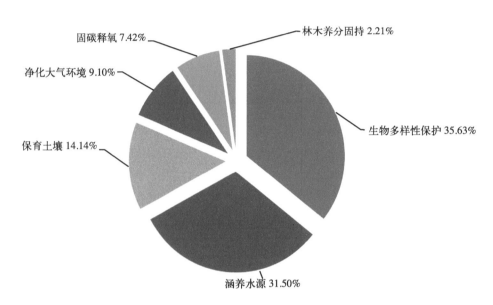

图4-13 黄河上中游天然林保护修复各项生态效益价值量所占比例

黄河上中游天然林保护修复生态效益增量中，各省（自治区）生态效益总价值量所占比例如图4-14所示，陕西省＞河南省＞山西省＞甘肃省＞内蒙古自治区＞青海省＞宁夏回族自治区，前三个省份生态效益总价值量占到了工程区总价值量的69.98%。其中，河南省生态效益价值量排序较为靠前的原因是在物质量转化价值量的过程中，使用到了《环保税法》中的应税污染物在各省的征收金额，河南省的水污染物和大气污染物征收税额是其他省份的4倍（山西省的3倍），所以河南省的生态效益价值量较高。

黄河上中游天然林保护修复生态效益"四库"增量空间分布如图4-15至图4-18所示。

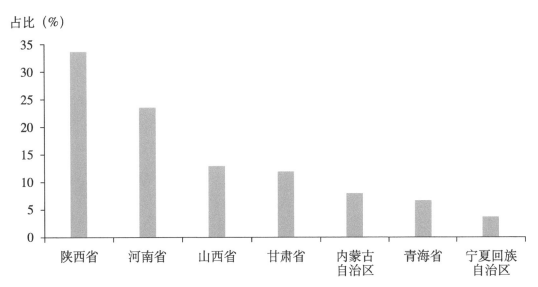

图4-14　黄河上中游天然林保护修复生态效益增量各工程省总价值量所占比例

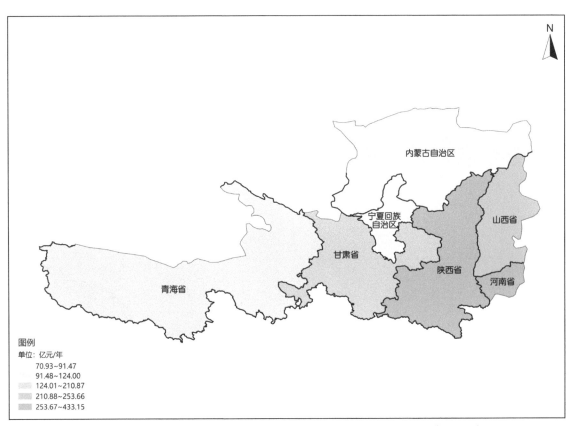

图4-15　黄河上中游天然林保护修复"绿色水库"增量空间分布

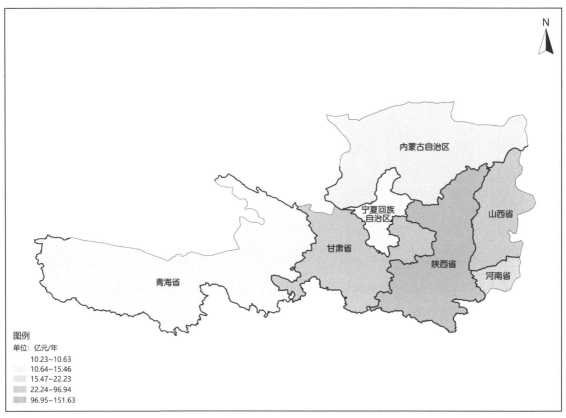

图4-16 黄河上中游天然林保护修复"绿色碳库"增量空间分布

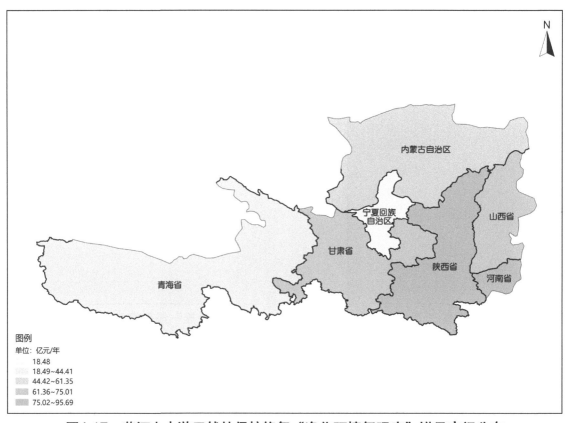

图4-17 黄河上中游天然林保护修复"净化环境氧吧库"增量空间分布

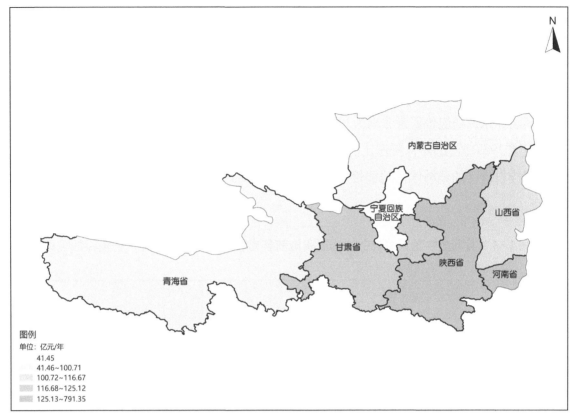

图4-18　黄河上中游天然林保护修复"绿色基因库"增量空间分布

黄河上中游天然林保护修复区涉及《全国重要生态系统保护和修复重大工程总体规划（2021—2035年）》中的青藏高原生态屏障区、黄河重点生态区。天然林保护修复水土保持能力的不断提升，为江河源头水源涵养能力的增强以及完善黄河流域水沙调控、水土流失综合防治、水资源合理配置和高效利用提供保障。另外，净化大气环境功能中滞纳颗粒物作用的发挥，能够消减空气中颗粒物浓度，减少了沙尘对东部经济发达地区的危害，对受益区社会经济的发展发挥了重要作用。黄河上中游天然林保护修复生态效益的不断增强，能够为统筹推进山水林田湖草沙综合治理、系统治理、源头治理，改善黄河流域生态环境，优化水资源配置，促进全流域高质量发展打下坚实的基础。

4.2 省级行政区评估结果

4.2.1 实施前

黄河上中游天然林保护修复实施前，7个省（自治区）同一生态效益价值质量评估指标表现出明显的地区差异，且不同省（自治区）的生态效益主导功能不同，如表4-4、图4-19至图4-25所示。

（1）涵养水源功能

黄河上中游天然林保护修复实施前各省（自治区）涵养水源功能空间分布如表4-4和图4-19所示。涵养水源功能价值量最大的省份为陕西省，为570.79亿元/年，占总涵养水源功能价值量的31.12%；其他依次为：山西省、河南省、青海省、内蒙古自治区和甘肃省，其涵养水源功能价值量分别为324.71亿元/年、280.41亿元/年、224.28亿元/年、202.27亿元/年和193.02亿元/年，所占比例分别为17.70%、15.29%、12.23%、11.03%和10.52%；宁夏回族自治区的涵养水源功能价值量最小，为38.85亿元/年，仅占涵养水源总价值量的2.12%。

表4-4 黄河上中游天然林保护修复实施前各省级行政区生态效益价值量评估结果

亿元/年

省份	涵养水源	保育土壤	固碳释氧	林木养分固持	净化大气环境	生物多样性保护	总价值量
山西省	324.71	267.38	44.61	33.09	211.80	171.94	1053.53
内蒙古自治区	202.27	301.00	59.01	32.19	257.87	206.07	1058.41
河南省	280.41	101.27	30.42	21.34	431.99	214.65	1080.08
陕西省	570.79	359.20	157.32	34.30	310.79	698.88	2131.28
甘肃省	193.02	265.77	72.67	10.23	146.82	146.10	834.61
青海省	224.28	119.34	53.48	9.31	118.00	120.16	644.57
宁夏回族自治区	38.85	41.66	16.31	3.62	19.15	14.89	134.48
合计	1834.33	1455.62	433.82	144.08	1496.42	1572.69	6936.96

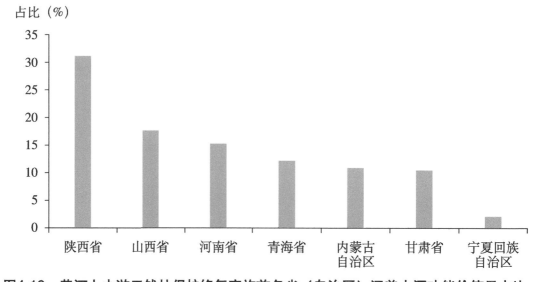

图4-19 黄河上中游天然林保护修复实施前各省（自治区）涵养水源功能价值量占比

（2）保育土壤功能

黄河上中游天然林保护修复实施前各省（自治区）保育土壤功能空间分布如表4-4和图4-20所示。保育土壤功能价值量最大的省份为陕西省，为359.20亿元/年，占保育土壤总价值量的24.68%；其他依次为：内蒙古自治区、山西省、甘肃省、青海省和河南省，其保育土壤功能价值量分别为301.00亿元/年、267.38亿元/年、265.77亿元/年、119.34亿元/年和101.27亿元/年，所占比例分别为20.68%、18.37%、18.26%、8.20%和6.96%；宁夏回族自治区的保育土壤功能价值量最小，为41.66亿元/年，仅占保育土壤总价值量的2.86%。

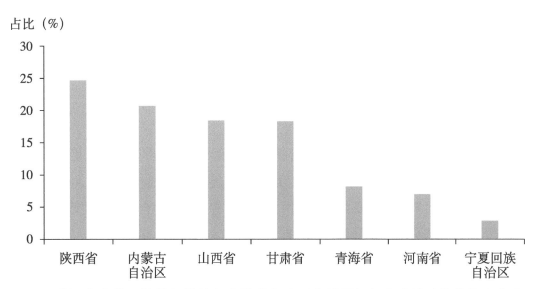

图4-20　黄河上中游天然林保护修复实施前各省（自治区）保育土壤功能价值量占比

（3）固碳释氧功能

黄河上中游天然林保护修复实施前各省（自治区）固碳释氧功能空间分布如表4-4和图4-21所示。固碳释氧功能价值量最大的省份为陕西省，为157.32亿元/年，占固碳释氧总价值量的36.26%；其他依次为：甘肃省、内蒙古自治区、青海省、山西省和河南省，其固碳释氧功能价值量分别为72.67亿元/年、59.01亿元/年、53.48亿元/年、44.61亿元/年和30.42亿元/年，所占比例分别为16.75%、13.60%、12.33%、10.28%和7.01%；宁夏回族自治区的固碳释氧功能价值量最小，为16.31亿元/年，仅占固碳释氧总价值量的3.76%。

占比（%）

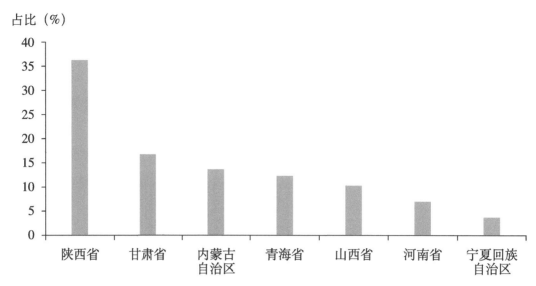

图4-21　黄河上中游天然林保护修复实施前各省（自治区）固碳释氧功能价值量占比

（4）林木养分固持功能

黄河上中游天然林保护修复实施前各省（自治区）林木养分固持功能空间分布如表4-4和图4-22所示。林木养分固持功能价值量最大的省份为陕西省，为34.30亿元/年，占林木养分固持总价值量的23.80%；其他依次为：山西省、内蒙古自治区、河南省、甘肃省和青海省，其林木养分固持功能价值量分别为33.09亿元/年、32.19亿元/年、21.34亿元/年、10.23亿元/年和9.31亿元/年，所占比例分别为22.97%、22.34%、14.81%、7.10%和6.46%；宁夏回族自治区的林木养分固持功能价值量最小，为3.62亿元/年，仅占林木养分固持总价值量的2.51%。

占比（%）

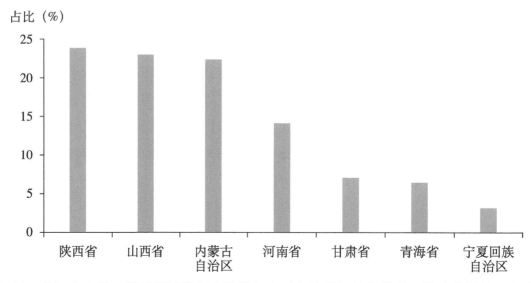

图4-22　黄河上中游天然林保护修复实施前各省（自治区）林木养分固持功能价值量占比

（5）净化大气环境功能

黄河上中游天然林保护修复实施前各省（自治区）净化大气环境功能空间分布如表4-4和图4-23所示。净化大气环境功能价值量最大的省份为河南省，为431.99亿元/年，占净化大气环境总价值量的28.87%；其他依次为：陕西省、内蒙古自治区、山西省、甘肃省和青海省，其净化大气环境功能价值量分别为310.79亿元/年、257.87亿元/年、211.80亿元/年、146.82亿元/年和118.00亿元/年，所占比例分别为20.77%、17.23%、14.15%、9.81%和7.89%；宁夏回族自治区的净化大气环境功能价值量最小，为19.15亿元/年，仅占净化大气环境总价值量的1.28%。

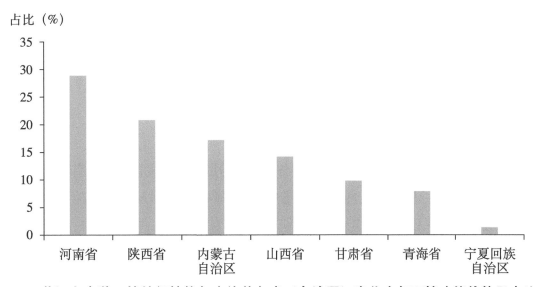

图4-23　黄河上中游天然林保护修复实施前各省（自治区）净化大气环境功能价值量占比

（6）生物多样性保护功能

黄河上中游天然林保护修复实施前各省（自治区）生物多样性保护功能空间分布如表4-4和图4-24所示。生物多样性保护功能价值量最大的省份为陕西省，为698.88亿元/年，占生物多样性保护总价值量的44.44%；其他依次为：河南省、内蒙古自治区、山西省、甘肃省和青海省，其生物多样性保护功能价值量分别为214.65亿元/年、206.07亿元/年、171.94亿元/年、146.10亿元/年和120.16亿元/年，所占比例分别为13.65%、13.10%、10.93%、9.29%和7.64%；宁夏回族自治区的生物多样性保护功能价值量最小，为14.89亿元/年，仅占生物多样性保护总价值量的0.95%。

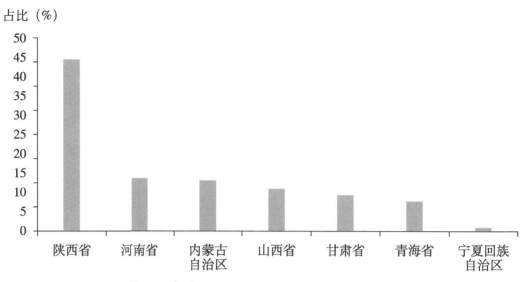

图4-24　黄河上中游天然林保护修复实施前各省（自治区）生物多样性保护功能价值量占比

（7）生态效益总价值

　　黄河上中游天然林保护修复实施前各省（自治区）生态效益总价值空间分布如表4-4和图4-25所示。生态效益总价值量最大的省份为陕西省，为2131.28亿元/年，占生态效益总价值量的30.72%；其他依次为：河南省、内蒙古自治区、山西省、甘肃省和青海省，其生态效益总价值量分别为1080.08亿元/年、1058.41亿元/年、1053.53亿元/年、834.61亿元/年和644.57亿元/年，所占比例分别为15.57%、15.26%、15.19%、12.03%和9.29%；宁夏回族自治区的生态效益总价值量最小，为134.48亿元/年，仅占生态效益总价值量的1.94%。

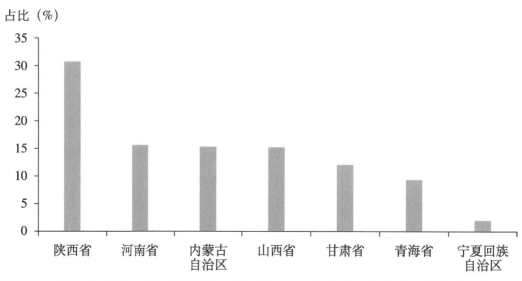

图4-25　黄河上中游天然林保护修复实施前各省（自治区）生态效益总价值量占比

4.2.2 实施后

黄河上中游天然林保护修复实施后，7个省（自治区）同一生态效益价值质量评估指标表现出明显的地区差异，且不同省（自治区）的生态效益主导功能不同，如表4-5、图4-26至图4-32所示。

表4-5 黄河上中游天然林保护修复实施后各省级行政区生态效益价值量评估结果 亿元/年

省份	涵养水源	保育土壤	固碳释氧	林木养分固持	净化大气环境	生物多样性保护	总价值量
山西省	578.37	393.78	104.47	41.34	281.51	288.61	1688.08
内蒙古自治区	293.73	401.47	74.47	52.83	319.22	306.79	1448.51
河南省	653.63	269.65	52.65	48.22	517.48	700.52	2242.15
陕西省	1003.93	527.82	308.95	57.13	406.47	1490.23	3794.53
甘肃省	403.89	320.49	169.61	36.16	221.83	271.22	1423.20
青海省	348.28	163.12	64.11	12.53	162.41	220.40	970.85
宁夏回族自治区	109.78	78.29	26.55	4.93	37.63	56.34	313.52
合计	3391.61	2154.62	800.81	253.14	1946.55	3334.10	11880.84

（1）涵养水源功能

黄河上中游天然林保护修复实施后各省（自治区）涵养水源功能空间分布如表4-5和图4-26所示。涵养水源功能价值量最大的省份为陕西省，为1003.93亿元/年，占总涵养水

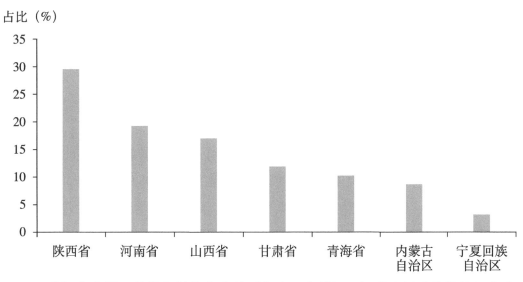

图4-26 黄河上中游天然林保护修复实施后各省（自治区）涵养水源功能价值量占比

源功能价值量的29.60%；其他依次为：河南省、山西省、甘肃省、青海省和内蒙古自治区，其涵养水源功能价值量分别为653.63亿元/年、578.37亿元/年、403.89亿元/年、348.28亿元/年和293.73亿元/年，所占比例分别为18.63%、18.28%、14.87%、12.51%和7.57%；宁夏回族自治区的涵养水源功能价值量最小，为109.78亿元/年，仅占涵养水源总价值量的3.63%。

（2）保育土壤功能

黄河上中游天然林保护修复实施后各省（自治区）保育土壤功能空间分布如表4-5和图4-27所示。保育土壤功能价值量最大的省份为陕西省，为527.82亿元/年，占保育土壤总价值量的24.50%；其他依次为：内蒙古自治区、山西省、甘肃省、河南省和青海省，其保育土壤功能价值量分别为401.47亿元/年、393.78亿元/年、320.49亿元/年、269.65亿元/年和163.12亿元/年，所占比例分别为18.63%、18.28%、14.87%、12.51%和7.57%；宁夏回族自治区的保育土壤功能价值量最小，为78.29亿元/年，仅占保育土壤总价值量的3.63%。

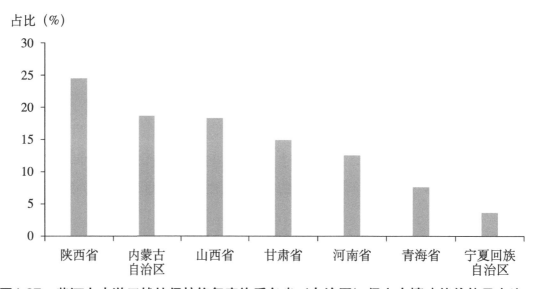

图4-27　黄河上中游天然林保护修复实施后各省（自治区）保育土壤功能价值量占比

（3）固碳释氧功能

黄河上中游天然林保护修复实施后各省（自治区）固碳释氧功能空间分布如表4-5和图4-28所示。固碳释氧功能价值量最大的省份为陕西省，为308.95亿元/年，占固碳释氧总价值量的38.58%；其他依次为：甘肃省、山西省、内蒙古自治区、青海省和河南省，其固碳释氧功能价值量分别为169.61亿元/年、104.47亿元/年、74.47亿元/年、64.11亿元/年和52.65亿元/年，所占比例分别为21.18%、13.05%、9.30%、8.01%和6.57%；宁夏回族自治区的固碳释氧功能价值量最小，为26.55亿元/年，仅占固碳释氧总价值量的3.32%。

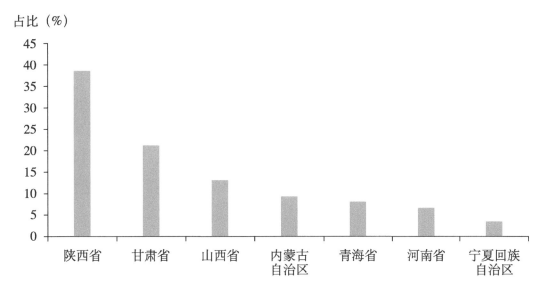

图4-28　黄河上中游天然林保护修复实施后各省（自治区）固碳释氧功能价值量占比

（4）林木养分固持功能

黄河上中游天然林保护修复实施后各省（自治区）林木养分固持功能空间分布如表4-5和图4-29所示。林木养分固持功能价值量最大的省份为陕西省，为57.13亿元/年，占林木养分固持总价值量的22.57%；其他依次为：内蒙古自治区、河南省、山西省、甘肃省和青海省，其林木养分固持功能价值量分别为52.83亿元/年、48.22亿元/年、41.34亿元/年、36.16亿元/年和12.53亿元/年，所占比例分别为20.87%、19.05%、16.33%、14.28%和4.95%；宁夏回族自治区的林木养分固持功能价值量最小，为4.93亿元/年，仅占林木养分固持总价值量的1.95%。

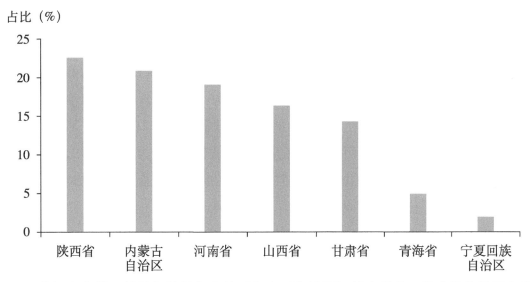

图4-29　黄河上中游天然林保护修复实施后各省（自治区）林木养分固持功能价值量占比

（5）净化大气环境功能

黄河上中游天然林保护修复实施后各省（自治区）净化大气环境功能空间分布如表4-5和图4-30所示。净化大气环境功能价值量最大的省份为河南省，为517.48亿元/年，占净化大气环境总价值量的26.58%；其他依次为：陕西省、内蒙古自治区、山西省、甘肃省和青海省，其净化大气环境功能价值量分别为406.47亿元/年、319.22亿元/年、281.51亿元/年、221.83亿元/年和162.41亿元/年，所占比例分别为20.88%、16.40%、14.46%、11.40%和8.34%；宁夏回族自治区的净化大气环境功能价值量最小，为37.63亿元/年，仅占净化大气环境总价值量的1.93%。

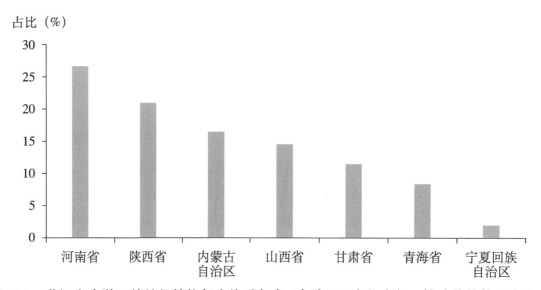

图4-30　黄河上中游天然林保护修复实施后各省（自治区）净化大气环境功能价值量占比

（6）生物多样性保护功能

黄河上中游天然林保护修复实施后各省（自治区）生物多样性保护功能空间分布如表4-5和图4-31所示。生物多样性保护功能价值量最大的省份为陕西省，为1490.23亿元/年，占生物多样性保护总价值量的44.70%；其他依次为：河南省、内蒙古自治区、山西省、甘肃省和青海省，其生物多样性保护功能价值量分别为700.52亿元/年、306.79亿元/年、288.61亿元/年、271.22亿元/年和220.40亿元/年，所占比例分别为21.01%、9.20%、8.66%、8.13%和6.61%；宁夏回族自治区的生物多样性保护功能价值量最小，为56.34亿元/年，仅占生物多样性保护总价值量的1.69%。

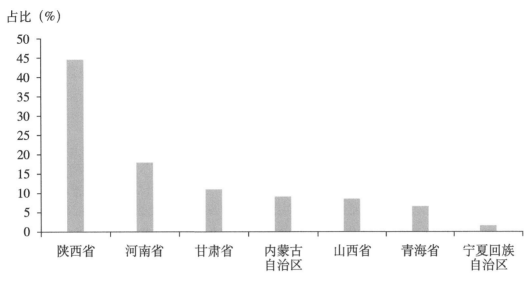

图4-31 黄河上中游天然林保护修复实施后各省（自治区）生物多样性保护功能价值量占比

（7）生态效益总价值

黄河上中游天然林保护修复实施后各省（自治区）生态效益总价值空间分布如表4-5和图4-32所示。生态效益总价值量最大的省份为陕西省，为3794.53亿元/年，占生态效益总价值量的31.94%；其他依次为：河南省、山西省、内蒙古自治区、甘肃省和青海省，其生态效益总价值量分别为2242.15亿元/年、1688.08亿元/年、1448.51亿元/年、1423.20亿元/年和970.60亿元/年，所占比例分别为18.87%、14.21%、12.19%、11.98%和8.17%；宁夏回族自治区的生态效益总价值量最小，为313.52亿元/年，仅占生态效益总价值量的2.64%。

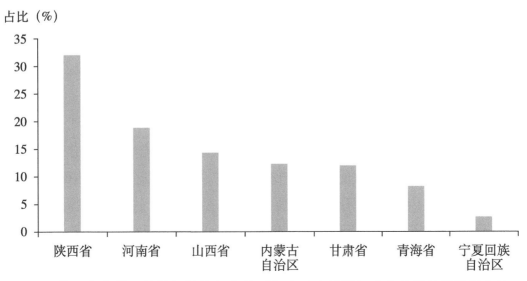

图4-32 黄河上中游天然林保护修复实施后各省（自治区）生态效益总价值量占比

4.2.3 生态效益增量

黄河上中游天然林保护修复生态效益增量评估结果显示，7个省（自治区）同一生态效益价值质量评估指标表现出明显的地区差异，且不同省（自治区）的生态效益主导功能不同，如表4-6、图4-33至图4-39所示。

表4-6　天然林保护修复各省级行政区生态效益价值量评估结果　　　亿元/年

功能项 省份	涵养水源	保育土壤	固碳释氧	林木积累 营养物质	净化 大气环境	生物多样性 保护	总价值量
山西省	253.66	126.40	59.86	8.25	69.71	116.67	634.55
内蒙古自治区	91.46	100.47	15.46	20.64	61.35	100.72	390.10
河南省	373.22	168.38	22.23	26.88	85.49	485.87	1162.07
陕西省	433.14	168.62	151.63	22.83	95.68	791.35	1663.25
甘肃省	210.87	54.72	96.94	25.93	75.01	125.12	588.59
青海省	124.00	43.78	10.63	3.22	44.41	100.24	326.28
宁夏回族自治区	70.93	36.63	10.24	1.31	18.48	41.45	179.04
合计	1557.28	699.00	366.99	109.06	450.13	1761.42	4943.88

（1）涵养水源功能

黄河上中游天然林保护修复各省（自治区）涵养水源功能增量空间分布如表4-6和图4-33所示。涵养水源功能价值量最大的省份为陕西省，为433.14亿元/年，占总涵养水源功能价值量的27.81%；其他依次为：河南省、山西省、甘肃省、青海省和内蒙古自治区，其涵养水源功能价值量分别为373.22亿元/年、253.66亿元/年、210.87亿元/年、124.00亿元/年和91.46亿元/年，所占比例分别为23.97%、16.29%、13.54%、7.96%和5.87%；宁夏回族自治区的涵养水源功能价值量最小，为70.93亿元/年，仅占涵养水源总价值量的4.55%。

（2）保育土壤功能

黄河上中游天然林保护修复各省（自治区）保育土壤功能增量空间分布如表4-6和图4-34所示。保育土壤功能价值量最大的省份为陕西省，为168.62亿元/年，占保育土壤总价值量的24.12%；其他依次为：河南省、山西省、内蒙古自治区、甘肃省和青海省，其保育土壤功能价值量分别为168.38亿元/年、126.40亿元/年、100.47亿元/年、54.72亿元/年和43.78亿元/年，所占比例分别为24.09%、18.08%、14.37%、7.83%和6.26%；宁夏回族自治区的保育土壤功能价值量最小，为36.63亿元/年，仅占保育土壤总价值量的5.24%。

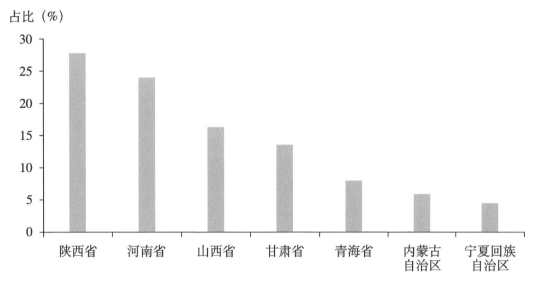

图4-33　天然林保护修复各省（自治区）涵养水源功能价值增量占比

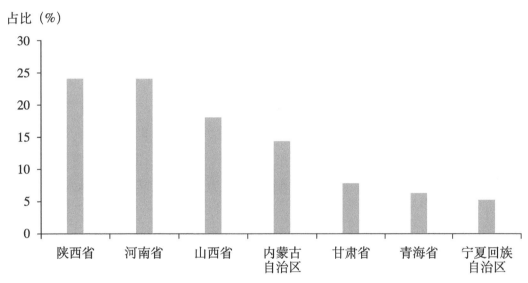

图4-34　天然林保护修复各省（自治区）保育土壤功能价值增量占比

（3）固碳释氧功能

黄河上中游天然林保护修复各省（自治区）固碳释氧功能增量空间分布如表4-6和图4-35所示。固碳释氧功能价值量最大的省份为陕西省，为151.63亿元/年，占固碳释氧总价值量的41.32%；其他依次为：甘肃省、山西省、河南省、内蒙古自治区和青海省，其固碳释氧功能价值量分别为96.94亿元/年、59.86亿元/年、22.23亿元/年、15.46亿元/年和10.63亿元/年，所占比例分别为26.41%、16.31%、6.06%、4.21%和2.90%；宁夏回族自治区的固碳释氧功能价值量最小，为10.23亿元/年，仅占固碳释氧总价值量的2.79%。

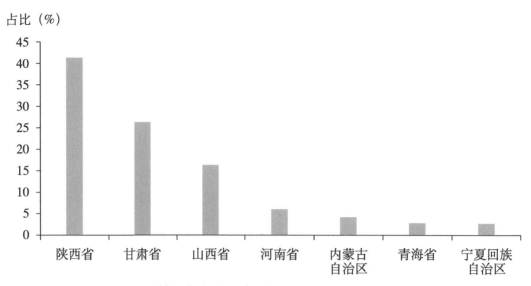

图4-35 天然林保护修复各省（自治区）固碳释氧功能价值增量占比

（4）林木养分固持功能

黄河上中游天然林保护修复各省（自治区）林木养分固持功能增量空间分布如表4-6和图4-36所示。林木养分固持功能价值量最大的省份为河南省，为26.88亿元/年，占林木养分固持总价值量的24.65%；其他依次为：甘肃省、陕西省、内蒙古自治区、山西省和青海省，其林木养分固持功能价值量分别为25.93亿元/年、22.83亿元/年、20.64亿元/年、8.25亿元/年和3.22亿元/年，所占比例分别为23.78%、20.94%、18.93%、7.56%和2.95%；宁夏回族自治区的林木养分固持功能价值量最小，为1.31亿元/年，仅占林木养分固持总价值量的1.20%。

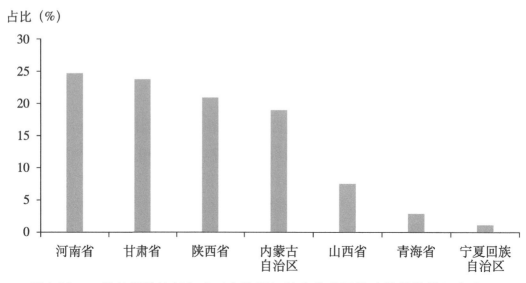

图4-36 天然林保护修复各省（自治区）林木养分固持功能价值增量占比

（5）净化大气环境功能

黄河上中游天然林保护修复各省（自治区）净化大气环境功能增量空间分布如表4-6和图4-37所示。净化大气环境功能价值量最大的省份为陕西省，为95.68亿元/年，占净化大气环境总价值量的21.26%；其他依次为：河南省、甘肃省、山西省、内蒙古自治区和青海省，其净化大气环境功能价值量分别为85.49亿元/年、75.01亿元/年、69.71亿元/年、61.35亿元/年和44.41亿元/年，所占比例分别为18.99%、16.66%、15.49%、13.63%和9.87%；宁夏回族自治区的净化大气环境功能价值量最小，为18.48亿元/年，仅占净化大气环境总价值量的4.11%。

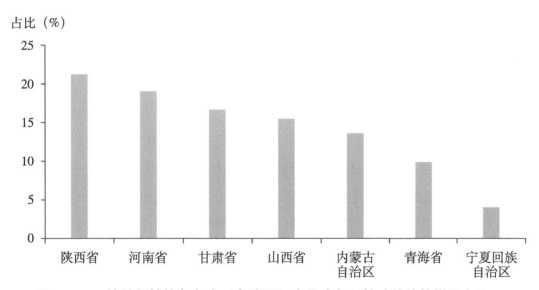

图4-37　天然林保护修复各省（自治区）净化大气环境功能价值增量占比

（6）生物多样性保护功能

黄河上中游天然林保护修复各省（自治区）生物多样性保护功能增量空间分布如表4-6和图4-38所示。生物多样性保护功能价值量最大的省份为陕西省，为791.35亿元/年，占生物多样性保护总价值量的44.93%；其他依次为：河南省、甘肃省、山西省、内蒙古自治区和青海省，其生物多样性保护功能价值量分别为485.87亿元/年、125.12亿元/年、116.67亿元/年、100.72亿元/年和100.24亿元/年，所占比例分别为27.58%、7.10%、6.62%、5.72%和5.69%；宁夏回族自治区的生物多样性保护功能价值量最小，为41.45亿元/年，仅占生物多样性保护总价值量的2.35%。

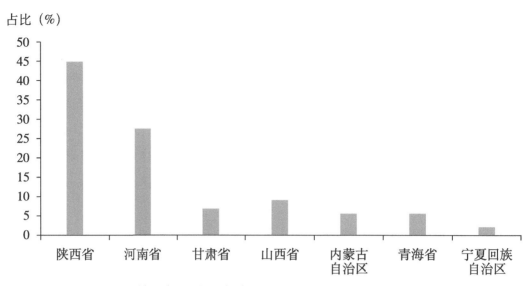

图4-38　天然林保护修复各省（自治区）生物多样性保护功能价值增量占比

（7）生态效益总价值

黄河上中游天然林保护修复各省（自治区）生态效益总价值增量空间分布如表4-6和图4-39所示。生态效益总价值量最大的省份为陕西省，为1663.25亿元/年，占生态效益总价值量的33.64%；其他依次为：河南省、山西省、甘肃省、内蒙古自治区和青海省，其生态效益总价值量分别为1162.07亿元/年、634.55亿元/年、588.59亿元/年、390.10亿元/年和326.28亿元/年，所占比例分别为23.51%、12.83%、11.91%、7.89%和6.60%；宁夏回族自治区的生态效益总价值量最小，为179.04亿元/年，仅占生态效益总价值量的3.62%。

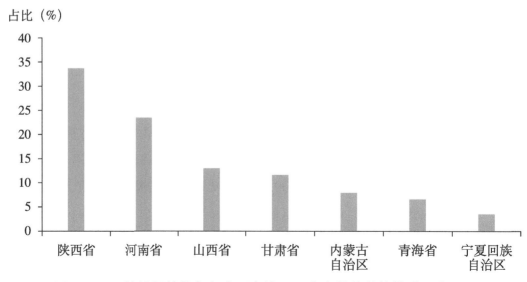

图4-39　天然林保护修复各省（自治区）生态效益总价值增量占比

第五章

涵养水源主导功能分析

5.1 涵养水源功能时空变化及分布

5.1.1 时间变化

黄河上中游天然林保护修复实施期前、实施后，其森林生态系统涵养水源量分别305.10亿立方米/年和512.45亿立方米/年。根据天然林保护修复实施前后的森林生态系统涵养水源量之差得出：黄河上中游天然林保护修复森林生态系统涵养水源功能增量为207.35亿立方米/年，分别相当于工程实施前后森林生态系统涵养水源量的63.79%和40.46%（图5-1）。

涵养水源量（亿立方米 / 年）

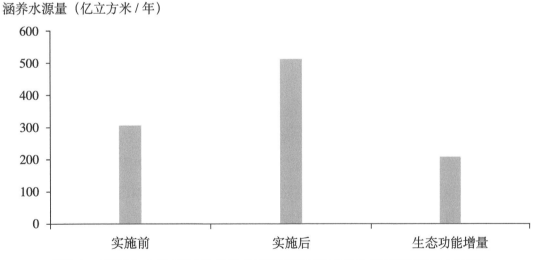

图5-1　黄河上中游天然林保护修复不同阶段森林生态系统涵养水源量

5.1.2 空间分布

黄河上中游天然林保护修复涵养水源物质量空间分布见图5-2。陕西省涵养水源物质量最大，为56.70亿立方米/年，占总物质量的27.35%，其下依次为河南省、甘肃省、山西省、青海省和宁夏回族自治区，涵养水源物质量共为140.70亿立方米/年，合计占总物质量的67.68%。内蒙古自治区涵养水源物质量最少，为9.95亿立方米/年，仅占总物质量的4.98%。

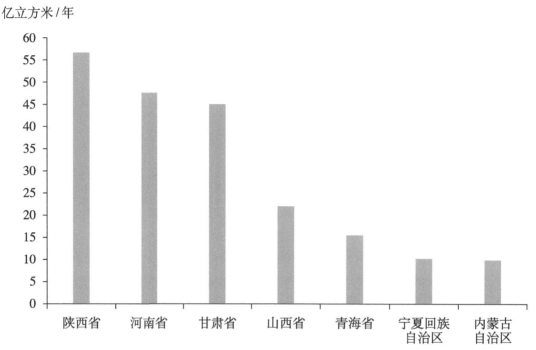

图5-2　黄河上中游天然林保护修复各省（自治区）涵养水源功能增量空间分布格局

5.2　涵养水源功能提升驱动力分析

5.2.1　重点生态功能区涵养水源能力变化

黄河是我国第二大河，黄河流域作为我国北部和西北部最大的流域，其水文水资源演变对我国社会经济发展有着重要影响。然而，黄河流域也是中国水资源最为短缺的流域之一，流域以约占全国2%的多年平均径流量，为占全国9%的国内生产总值（GDP）和12%的人口提供生产生活用水。更为严峻的是，随着气候变化和人类活动影响加剧，黄河流域径流量呈现出显著下降趋势，并在20世纪90年代出现连年断流，断流范围不断扩大，断流次、历时不断增加，引起了社会各界的广泛关注（李彬，2018）。黄河上中游涉及的水源涵养重点生态功能区为三江源草原草甸湿地生态功能区、甘南黄河重要水源补给生态功能区和祁连山冰川与水源涵养生态功能区，其详细介绍如下。

5.2.1.1　三江源草原草甸湿地生态功能区

范围为青海省的同德县、兴海县、泽库县、河南蒙古族自治县、玛沁县、班玛县、甘德县、达日县、久治县、玛多县、玉树市、杂多县、称多县、治多县、囊谦县、曲麻莱县、格尔木市唐古拉山镇，面积达35.34万平方千米，主要河流包括长江的主要支流楚玛尔河、布曲、当曲、聂恰曲；黄河一级支流多曲、热曲；澜沧江的发源地。其特点及生态问题为长江、黄河、澜沧江的发源地，有"中华水塔"之称，是全球大江大河、冰川、雪山及高原生物多样性最集中的地区之一，其径流、冰川、冻土、湖泊等构成的整个生态系统对全球气候变化有巨大的调节作用。目前，草原退化、湖泊萎缩、鼠害严重，生态系统功能受到严重破坏。三江源区作为国家生态安全"两屏三带"战略格局的重要组成，其生态安全状况对全国乃至东南亚地区都有重要影响，但限制三江源区生态承载力的因素主要是水源涵养量等（张雅娴等，2019）。其发展方向是封育草原，治理退化草原，减少载畜量，涵养水源，恢复湿地，实施生态移民。

5.2.1.2 甘南黄河重要水源补给生态功能区

范围为甘肃省的合作市、临潭县、卓尼县、玛曲县、碌曲县、夏河县、临夏县、和政县、康乐县、积石山保安族东乡族撒拉族自治县，面积达3.38万平方千米，主要河流包括黄河干流、洮河、大夏河水系。其特点及生态问题为青藏高原东端面积最大的高原沼泽泥炭湿地，在维系黄河流域水资源和生态安全方面有重要作用。目前草原退化沙化严重，森林和湿地面积锐减，水土流失加剧，生态环境恶化。其发展方向是加强天然林、湿地和高原野生动植物保护，实施退牧还草、退耕还林还草、牧民定居和生态移民。

5.2.1.3 祁连山冰川与水源涵养生态功能区

范围为甘肃省的永登县、永昌县、天祝藏族自治县、肃南裕固族自治县（不包括北部区块）、民乐县、肃北蒙古族自治县（不包括北部区块）、阿克塞哈萨克族自治县、中牧山丹马场、民勤县、山丹县、古浪县；青海省的天峻县、祁连县、刚察县、门源回族自治县，面积达18.52万平方千米，主要河流包括黄河支流有庄浪河、大通河黑河、托来河、疏勒河、党河，属河西走廊内陆水系；哈尔腾河、鱼卡河、塔塔棱河、阿让郭勒河，属柴达木内陆水系以及哈拉湖独立的内陆水系。其特点及生态问题为冰川储量大，对维系甘肃河西走廊和内蒙古西部绿洲的水源具有重要作用。目前草原退化严重，生态环境恶化，冰川萎缩。其发展方向是围栏封育天然植被，降低载畜量，涵养水源，防止水土流失，重点加强石羊河流域下游民勤地区的生态保护和综合治理。

天然林保护修复实施后，黄河上中游天然林保护修复区水源涵养量能力提升了67.96%，证明了水源涵养型重点生态功能区天然林保护工程的实施对该类区域森林生态系统水源涵养服务的提升发挥了积极作用（黄麟等，2015）。有研究表明，2000—2015年期间，在八大水源涵养型重点生态功能区，森林（含灌丛）、草地、湿地等生态用地面积比例整体保持在70%左右，尤其是对水源涵养具有重要贡献的林地保持在30%以上，保障了8个生态功能区重要的水源涵养能力，同时通过对比水源涵养指数（指某一区域水源涵养量与该地区相同气候区、相同植被类型等条件下多年水源涵养量最大值，即可能最大水源涵养量之比），发现祁连山冰川与水源涵养生态功能区具有更大的水源涵养潜力，甘南黄河重要水源补给生态功能区次之（胡克梅，2018）。这种变化趋势与其生态状况指标类似，其中，甘南黄河重要水源补给生态功能区生态状况指标增幅最大，达到了3.86%，祁连山冰川与水源涵养生态功能区次之，为1.57%，而三江源草原草甸湿地生态功能区为负增长（吴丹等，2016）。同时，三江源草原草甸湿地生态功能区、甘南黄河重要水源补给生态功能区和祁连山冰川与水源涵养生态功能区林地面积处于动态变化过程中，总体呈现为持续向好的态势（胡克梅，2018）。

5.2.2 重点生态功能区景观格局变化

生态系统服务的产生是源自人类需求，只有当生态功能与人类需求相关联时，才体现出一定的价值。而景观格局作为生态过程的载体，与生态系统服务之间的关系体现在景观格局与生态过程相互作上。在区域尺度上，景观格局的变化主要表现为土地利用/覆被改变，其变化引起各种土地利用类型种类、面积和空间位置的变化，导致景观格局的改变，从而影响流域内景观类型的基质和结构（王宗明等，2004），这种变化通过影响各类生态系统类型、面积及空间分布状况，进而对生态系统的结构和功能产生影响，导致景观中物质流、能量流和生态流等要素产生变化，最终影响到生态系统服务的供给和维持（苏常红和傅伯杰，2012）。实际上，土地利用类型与生态系统服务价值之间并非简单的线性相关。通常人工干预较小的土地利用类型一般具有较高的调节和支持服务价值，但其供给服务较低；人工干预增强有利于提高供给服务价值，但会减弱调节和支持服务。

天然林是生态功能最完善、最强大的森林，在防止水土流失、遏制土地沙化、减轻自然灾害等方面，其作用更是明显。由于天然林的复杂立体结构，能对降雨起到更强的截留、吸收、蒸散、渗透和渗漏的作用。在雨季，能在一定程度上减弱洪峰流量，延缓洪峰到来时间；在旱季，能增加枯水流量，缩短枯水期长度，真正起到削洪与补枯的作用，发挥防灾减灾效益（李冬生，2010）。

根据1995年和2015年黄河流域上中游土地利用空间数据得出（图5-3至图5-5）：三江源草原草甸湿地生态功能区、甘南黄河重要水源补给生态功能区和祁连山冰川与水源涵养生态功能区林业用地面积均有不同程度的增加。在土地利用类型转换方面，三江源草原草甸湿地生态功能区、祁连山冰川与水源涵养生态功能区和甘南黄河重要水源补给生态功能区均表现为草地转换为林地的面积最大，分别为2903平方千米、2691平方千米、1909平方千米（胡克梅，2018）。由土壤水分特征曲线获得的土壤水分特征参数所表示的土壤持水性在乔木林地阶段是最强的，灌木林地次之，在草地最弱。以上土地利用类型的变化，对于三个水源涵养生态功能区主体功能的提升起到了积极的推进作用。在土地利用类型转换的诸多驱动因素中，人为因素占据了非常重要的作用，同时，人为因素也是生态系统服务

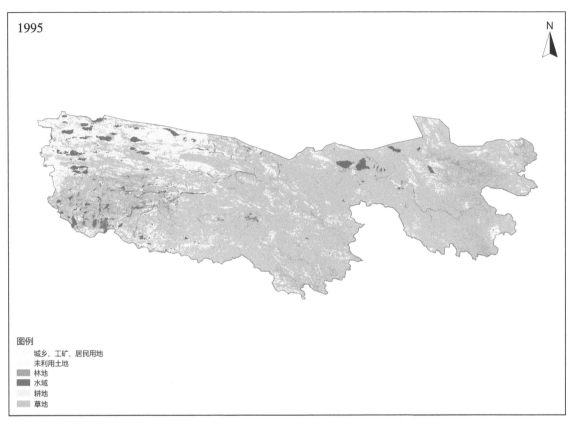

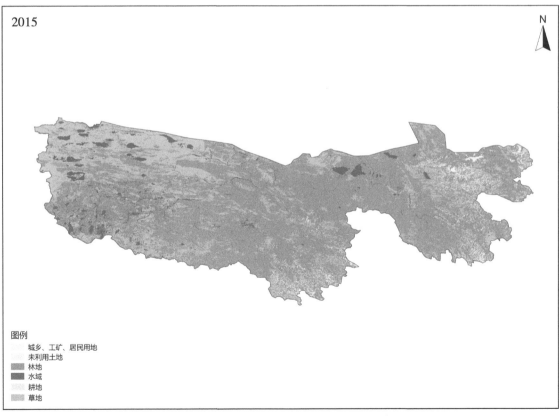

图5-3 三江源草原草甸湿地生态功能区土地利用变化

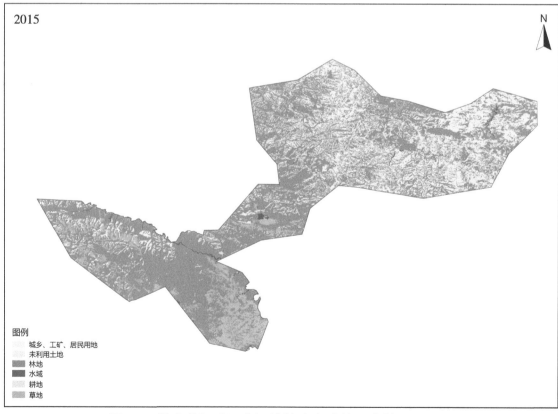

图5-4　甘南黄河重要水源补给生态功能区土地利用变化

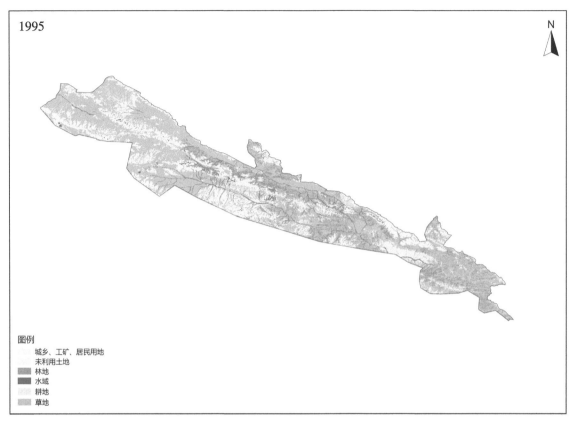

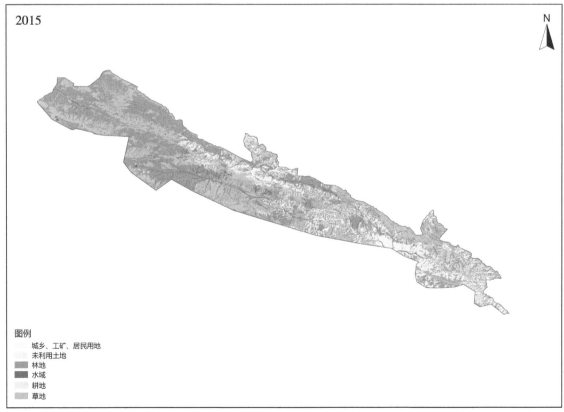

图5-5　祁连山冰川与水源涵养生态功能区土地利用变化

功能变化主要驱动力（范月君和侯向阳，2017）。三江源地区生态保护与建设工程的实施对区域水源涵养服务的提升具有一定的正向作用，一系列重点项目措施及降水增加有利于生态系统的恢复与生态状况的改善，生态工程对三江源地区水源涵养服务提升的贡献率约为23.98%（吴丹等，2016）。另外，农户作为区域内最主要的经济活动主体，其对生态系统服务功能的感知及选择偏好直接影响着其环境行为，直接影响重点生态功能区主体功能的发挥。有研究表明，在甘南黄河重要水源补给生态功能区内，农户对森林调节、供给服务的选择偏好较强，对文化、支持服务的选择偏好较低，其中，重点保护区农户对调节服务的选择偏好最强，而恢复治理区农户对供给服务的选择偏好最强（王晓琪，2020）。

黄河上中游天然林保护修复区内林地面积的增加，说明森林生态系统质量和稳定性状况处于不断提升的趋势。天然林保护修复的森林结构具有乔、灌、草、苔藓等多层结构，天然林保护修复的实施将增加天保区森林的水源涵养能力，能有效地拦截大量降水，渗入土体中变为地下水，有巨大的蓄水功能及水文调节功能，能够为长江、黄河中下游的工农业生产，特别是水力发电提供丰富且稳定的水源。据统计，增加森林面积10万~20万平方千米，所增加的森林蓄水能力相当于一个蓄水150亿~200亿吨的水库（陈永正等，2014）。有研究表明，封育区凋落物是森林植物养分的最主要来源，也是影响土壤发育的重要因素。森林凋落物、苔藓枯枝落叶层直接影响着土壤涵养水源的能力，也影响着土壤的成土和发育状态。苔藓枯枝落叶层的存在不仅能提高透水性能，增加容水量，减少蒸发量，而且能提高地表粗糙度，降低水流速度，促进地表水入渗，在涵养水源中起着重要作用。封育区土壤含水率均高于未封育区，说明通过封育能有效地改变地表及土壤结构，使水土保持和涵养水源功能明显提高（马有忠，2011）。

由表5-1可以看出，1995—2015年间，3个水源涵养生态功能区在景观尺度上，景观连通度指数均有不同程度的转好，景观格局斑块、廊道和基质的调整促进了景观格局的空间配置的优化，从而提升景观连通性，促进生态系统物质、能量和信息流的交换，增加了生态系统的自我调节能力和生态阈值。生态系统的自我调节能力说明，生态系统对外界的干扰和压力具有一定的弹性。但是，对于一个复杂的生态系统来说，对外界冲击所具有的自我调节能力也是有限度的。如果外界的干扰或压力在系统所能忍受的范围之内，生态系统可通过自我调节能力恢复其原来的平衡状态。如果外界的干扰或压力超过了系统所能忍受的极限，系统的自我调节能力就不再起作用，生态系统就会受到改变、伤害，以致破坏。生态系统所能承受外界压力或干扰的极限，称为生态阈值。生态阈值的大小取决于生态系统的成熟性。生态系统越成熟，表示它的种类组成越丰富，营养结构越复杂，因而系统的稳定性越大，生态阈值就越高。相反，一个简单的生态系统，其生态阈值低（王顺彦，2008）。

表5-1　景观尺度连通度指数

重点生态功能区	时期	蔓延度指数	散布与并列指数	内聚力指数	景观分割指数	聚集度指数
三江源草原草甸湿地生态功能区	1995	72.627	50.283	98.9749	0.8692	97.3603
	2015	72.806	50.1843	99.9729	0.6361	97.4157
甘南黄河重要水源补给生态功能区	1995	62.1468	47.8168	99.8437	0.8611	93.6765
	2015	62.3924	48.4967	99.8458	0.8593	93.726
祁连山冰川与水源涵养生态功能区	1995	58.5064	56.1083	99.6721	0.9478	94.3803
	2015	59.6935	56.661	99.6832	0.9469	94.5209

尤其是在林地尺度上（表5-2），由于天然林保护修复的造林和封育等措施，提升了各林地斑块间的连通度，为涵养水源能力的增强提供了物质基础。林地斑块连通性的增强，提升了不同斑块间物质流流通的能力，大大的提高了森林生态系统的涵养水源功能。

表5-2　林地斑块连通度指数

重点生态功能区	时期	散布与并列指数	内聚力指数	景观分割指数	聚集度指数
三江源草原草甸湿地生态功能区	1995	10.499	97.6196	0.997	91.1935
	2015	10.8267	97.6265	0.994	91.2459
甘南黄河重要水源补给生态功能区	1995	23.5614	98.4861	0.9996	91.1804
	2015	21.8037	98.5014	0.9995	91.249
祁连山冰川与水源涵养生态功能区	1995	39.2446	98.9163	0.9997	92.2921
	2015	41.3849	98.8781	0.9997	92.384

第六章

固碳主导功能分析

6.1 固碳功能时空变化及分布

6.1.1 时间变化

黄河上中游天然林保护修复实施期前、实施后，其森林生态系统固碳量（乔木林、灌木林、竹林的植被固碳和土壤固碳）分别1555.37万吨/年和2463.30万吨/年。根据天然林保护修复实施前后的森林生态系统固碳量之差得出：黄河上中游天然林保护修复森林生态系统固碳功能增量为907.93万吨/年，分别相当于工程实施前后固碳量的58.37%和36.86%（图6-1）。

天然林保护工程的实施，在增强森林的固碳能力及效益、减缓全球气候变化方面起着重要的作用。天然林保护工程是我国为改善生态环境而采取的一项空前的重大举措，既是推动我国新世纪林业实现快速发展的六大重点工程之一，也是调节全球碳循环的一项重要措施，在我国乃至世界生态建设中都具有十分重要的地位。降低森林砍伐速度、植树造

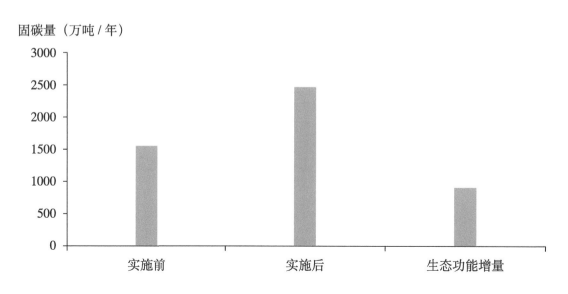

固碳量（万吨／年）

图6-1 黄河上中游天然林保护修复不同阶段森林生态系统固碳量

林增加森林面积、加强对现存森林的抚育管理是增加森林固碳能力的重要措施。天然林保护工程的实施，禁止了天然林采伐，采取了封山育林的措施，加强对现存森林的管理力度，加大生态公益林建设，森林质量得到提高，进而增强了森林的固碳能力及固碳效益。可见，我国实施的天然林保护工程对提高森林的固碳能力及固碳效益、维持地球大气中的二氧化碳和氧气的动态平衡、减缓全球气候变化方面起着重要的作用（胡涛，2010）。2000—2010年间，随着新造林面积的累积，西北、中西部地区、南部地区和整个天保工程新造林固碳量呈现逐年增加的趋势，占全国森林生态系统固碳总量的比例也逐年提高，西北、中西部地区和南部地区新造林固碳量大于调减木材产量固碳量（刘博杰等，2016）。

6.1.2 空间分布

黄河上中游天然林保护修复，各省（自治区）森林生态系统固碳增量空间分布见图6-2所示。固碳物质量较大的省份为陕西省，其固碳物质量为295.22万吨/年，占总固碳物质量的32.52%；其下依次为甘肃省、河南省、山西省、内蒙古自治区和青海省，其固碳物质量共为579.39万吨/年，占总固碳物质量的63.81%；宁夏回族自治区固碳物质量最少，为33.32万吨/年，仅占总固碳物质量的3.67%。

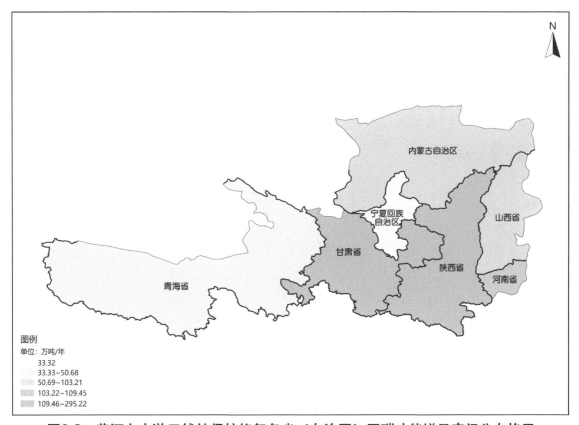

图6-2 黄河上中游天然林保护修复各省（自治区）固碳功能增量空间分布格局

6.2 固碳功能提升驱动力分析

黄河是我国第二大河，由于历史等多方面原因导致流域内生态环境日趋恶化，为使流域内生态环境尽快得到恢复，国家先后启动了三北防护林工程、天保工程、退耕还林等一系列林业生态工程。自工程实施以来，流域区累计减少森林蓄积消耗量1亿立方米，森林资源得到了有效保护，森林面积明显增加（贾松伟，2018）。通过试点和两期天然林保护修复建设，黄河上中游长期过量消耗森林资源的势头得到有效遏制，天然林资源得到了有效保护，森林资源总量不断增加，呈现出持续恢复增长的良好态势，森林覆盖率从第六次森林资源清查期间的28.40%增长至第八次森林资源清查期间的36.19%，增加了7.79%。

首先，天然林保护修复实施后，大量调减木材产量，保护了森林资源，为固碳功能的提升奠定了物质基础。经分析统计资料显示（图6-3），2000—2018年间，黄河上中游天然林保护修复区木材产量为776.41万立方米，整体变化情况为从2000年的294.51万立方米迅速调减至2002年的2.39万立方米，之后的每年木材产量有小幅度的上升，但年均产量均保持在20万~40万立方米的较低水平。几乎每年均保持在20万~40万立方米。

其次，森林生态系统固碳功能的提升是由森林资源变化带来的。自天然林保护修复实施以来，黄河流域森林面积净增643.14万公顷，森林蓄积净增32900.34万立方米。天然林保护修复区天然林面积净增271.89万公顷，占该流域新增森林面积的42.3%；天然林蓄积增加了17716.23万立方米，占该流域新增森林蓄积的53.8%（蔡茂等，2020）。森林蓄积量是表征森林质量最重要的指标之一，是反映一个国家或地区森林总体水平和森林碳贮存能力的基本指标，而单位面积林木蓄积量更是反映森林资源丰富程度及衡量森林生态系统状况的重要依据，尤其是碳汇功能方面（廖正武和廖婧琳，2014）。黄河上中游天然林保

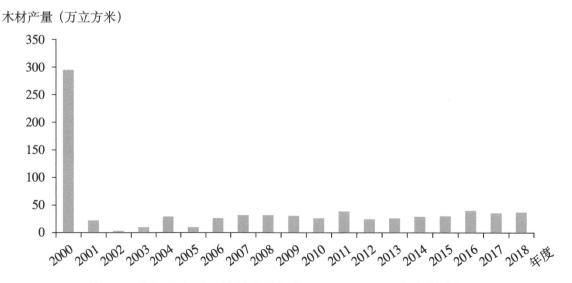

图6-3 黄河上中游天然林保护修复区2000—2018年木材产量

护修复实施前和实施后，工程区内森林单位面积蓄积量为58.24立方米/公顷和65.37立方米/公顷，净增7.13立方米/公顷。

如图6-4所示，根据森林资源数据显示，评估期内乔木林面积增加387.84万公顷，其中，以陕西省增长面积最大，占到了工程区森林资源面积总增长量的51.28%，其次为山西省、河南省、甘肃省、内蒙古自治区、宁夏回族自治区和青海省。陈琼等（2020）在黄河流域河源区的研究表明：2000年之前，草地、林地和湿地等生态用地减少，草地退化、沙化、土壤侵蚀等效应加剧，2000年之后，随着林业生态工程的实施，生态用地增加，植被指数增加，生态系统逐渐向良性方向转变，碳汇功能增强。2000—2011年黄河流域植被净初级生产力（NPP）年平均值具有增加趋势，从2000年的210.5克碳/（平方米·年）增加到2011年的230.0克碳/（平方米·年），黄河流域地区12年平均净初级生产力总体分布呈现出自北向南增加的态势。

森林资源面积的增长自然会带来区域净初级生产力的变化。植被净初级生产力作为陆地生态系统中物质循环、能量流动的重要部分，不仅反映植被在自然环境下的生产能力，还是判定生态系统固碳能力和调节生态过程的关键因子，为生态环境问题研究提供重要依据。2000—2015年间，黄河上中游不同区域植被净初级生产力存在明显的空间差异性，其中，黄河流域上游西北部的祁连山区、中北部的贺兰山区在造林工作的推动下，植被净初级生产力明显升高，但是由于东北部的毛乌素沙漠和北部的内蒙古地区自然条件恶劣，其植被净初级生产力相对较低，西南部的青海高原与三江源地区受强大陆性气候控制，降水稀少，植被稀疏，植被净初级生产力同样较低；黄河流域中游的陕北高原和秦岭山系水热条件好，树木种植广泛，植被净初级生产力较高，由于吕梁山脉的走向，阻挡了来自东部的水汽，气候干燥，不利于植被生长，则吕梁山西部植被净初级生产力较低，黄土高原局

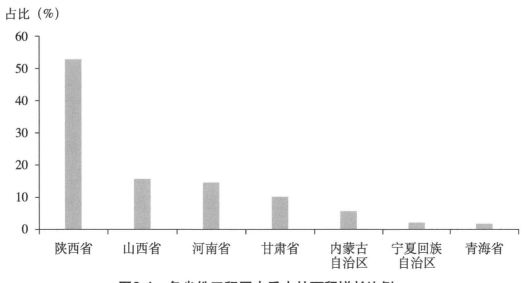

图6-4　各省份工程区内乔木林面积增长比例

部地区植被净初级生产力较低的原因，主要与该区含沙量大，易暴雨成灾有关。中游净初级生产力总量（95.10×10^{12}克碳）＞上游净初级生产力总量（79.92×10^{12}克碳）。上游植被净初级生产力主要呈轻微增加（占45.92%）；中游植被NPP主要呈中度增加（田智慧等，2019）。张振东和常军（2021）研究显示2001—2018年黄河流域植被净初级生产力年平均值为288.33克碳/（平方米·年），且持续波动增加，空间上呈现出南高北低。

朱莹莹（2019）开展了更长时间尺度的黄河流域年均植被净初级生产力变化的研究，1992—2015年间黄河流域年均植被净初级生产力总体上表现出显著的上升趋势。黄河上游地区植被NPP在波动中略微增加，平均增加速度为9.631克碳·平方米/10年；黄河中游地区植被净初级生产力呈现出明显的增加趋势，平均速度为26.753克碳·平方米/10年。1992—2015年间黄河流域植被净初级生产力变化趋势呈现出空间异质性，全区净初级生产力以增加为主，呈增加趋势和减少趋势的区域比例分别为70.94%、29.06%。这是由于近年来实施的植树造林、退耕还林还草政策和天然林资源保护工程等一系列环境友好政策起到了重要作用，生态环境逐年改善，植被覆盖面积增加，植被净初级生产力增加显著。且在水热条件搭配较好，人为扰动可能对植被净初级生产力产生积极的影响，所以，陕西南部、山西南部、河南西南部和甘肃东南部天然林保护修复区大面积的造林和中幼龄林抚育等人为扰动措施提升了该区域的固碳功能。

表6-1　1992—2015年黄河流域年均NPP值分段统计　　　　　　　　%

区域	NPP分级［克碳/（平方米·年）］					
	I级 ≤100	II级 (100, 200]	III级 (200, 300]	IV级 (300, 400]	V级 (400, 500]	VI级 >500
黄河上游	10.348	39.155	22.691	22.268	5.529	0.010
黄河中游	1.192	22.852	40.128	24.454	8.404	2.970
黄河下游	3.895	7.958	19.480	64.079	4.388	0.200
黄河流域	5.889	30.274	30.324	25.4009	6.760	1.344

天然林保护修复区森林资源面积的增长是黄河流域植被覆盖度增长的原因之一，最终会体现在归一化植被指数（NDVI）的变化上。归一化植被指数与生物量、叶面积指数有较好的相关关系，能够很好地反映地表植被的繁茂程度。黄河流域归一化植被指数呈现出西部和东南部高，北部低的特点（袁丽华等，2013），这与天然林保护修复区内固碳功能空间分布格局一致。1998—2012年黄河流域的植被覆盖呈增加趋势（图6-5），生态环境得到明显的改善，2012年黄河流域植被覆盖率为52.42%，相比于1998年增加了4%，黄河

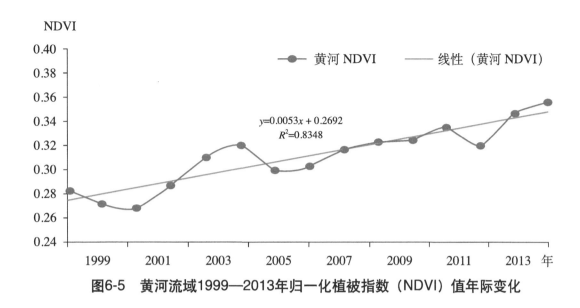

图6-5　黄河流域1999—2013年归一化植被指数（NDVI）值年际变化

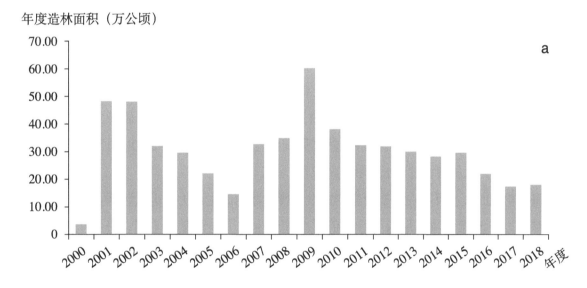

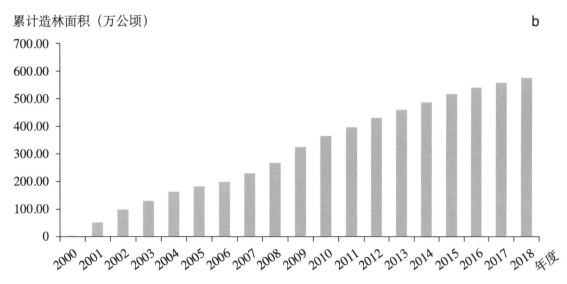

图6-6　黄河上中游天然林保护修复区造林面积

上游归一化植被指数值增长最为缓慢，中游保持稳定增长（张亚玲等，2014）。黄河流域
1999—2013年归一化植被指数均值年际变化呈现波动增加趋势，变化速率为0.053/10年。
其中2001年归一化植被指数均值最低为0.268，2013年归一化植被指数均值最高为0.356。3
个上升时段为2001—2004年、2005—2010年、2011—2013年（杨尚武，2015）。这与黄河
上中游天然林保护修复区年度造林面积关系最为密切，如图6-6所示，年度造林面积较大
的年份为2001年、2002年和2009年。

同时，黄河流域1999—2013年来生长季植被覆盖年际变化趋势与生长季均温、降水变
化趋势基本一致（图6-7），与生长季均温增减趋势偏差年份出现在2001—2004年间，该
时段二者增减趋势相反，这与2000年来人工植树造林致使植被覆盖有所上升紧密相关（杨
尚武，2015）。

张丹丹（2019）利用1∶100万植被类型图，对黄河流域1986—2015年不同植被类型年
均NPP进行统计，结果表明，不同类型植被的净初级生产力均值存在明显差异：常绿阔叶
林〔417.9克碳/（平方米·年）〕>混交林〔365.4克碳/（平方米·年）〕>常绿针叶林〔332.5
克碳/（平方米·年）〕>落叶阔叶林〔325.3克碳/（平方米·年）〕>灌丛〔310.4克碳/（平
方米·年）〕>农田〔307.8克碳/（平方米·年）〕>草地〔246.2克碳/（平方米·年）〕>落
叶针叶林〔157.2克碳/（平方米·年）〕。由此可知黄河流域阔叶林的固碳能力最强，针叶
林最弱。由图6-8可知，黄河上中游天然林保护修复各类森林资源面积增加最大的为阔叶
类，占工程区内森林资源总增长面积的72.77%。

固碳功能的大小反应在净初级生产力上，影响净初级生产力的因素包括：林分因子、
气候因子、土壤因子和地形因子，它们对净初级生产力的贡献率不同，分别为56.7%、
16.5%、2.4%和24.4%。同时，林分自身的作用是对净初级生产力的变化影响较大，其中

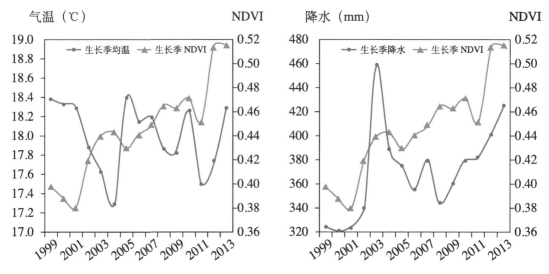

图6-7　黄河流域生长季植被覆盖于气候因子的年际关系

面积（万公顷）

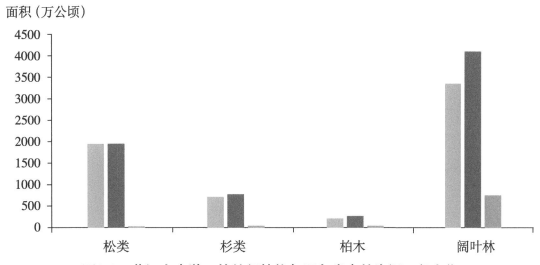

图6-8　黄河上中游天然林保护修复区各类森林资源面积变化

面积（万公顷）

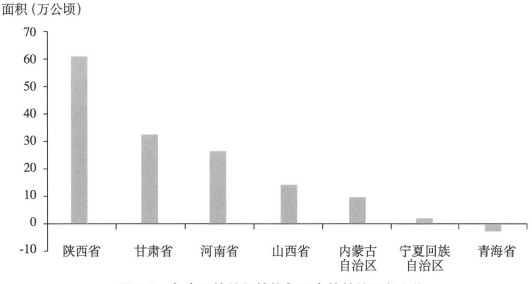

图6-9　各省天然林保护修复区中幼龄林面积变化

林分年龄最明显（肖兴威，2005），中林龄和近熟林有绝对的优势（许瀛元等，2012）。中幼龄林处于高生长阶段，具有较高的固碳速率和较大的碳汇增长潜力。根据国家标准《森林资源连续清查技术规程》（GB/T 38590—2020）中的龄组划分标准，天然林保护修复实施以来的所有造林几乎均处于中幼龄林阶段，这些森林资源在固碳功能提升方面的作用巨大。黄河上中游天然林保护修复实施前，中幼龄林面积所占比重为59.50%，实施后其面积所占比重增长到了61.98%，净增143.39万公顷。由图6-9可以看出，各省天然林保护修复区中幼龄林面积处理青海省减少外，其他省份均有不同程度的增加，其中，陕西省增加最多，其次为甘肃、河南省、山西省、内蒙古自治区和宁夏回族自治区，这与各省份天然林保护修复区森林生态系统固碳功能强弱保持一致。

第七章
滞尘主导功能分析

7.1 滞尘功能时空变化及分布

7.1.1 时间变化

黄河上中游天然林保护修复实施期前、实施后，其森林生态系统滞纳TSP量分别2.90亿吨/年和5.25亿吨/年、滞纳PM_{10}量分别为9914.52万千克/年和16071.77万千克/年、滞纳$PM_{2.5}$量分别为2047.54万千克/年和3269.58万千克/年。根据天然林保护修复实施前后的森林生态系统分别滞纳TSP量、滞纳PM_{10}量和滞纳$PM_{2.5}$量之差得出：黄河上中游天然林保护修复生态功能增量森林生态系统滞纳TSP、滞纳PM_{10}和滞纳$PM_{2.5}$增量分别2.35亿吨/年、6157.25万千克/年和1222.04万千克/年，分别占实施前和实施后的比重为81.03%、62.10%、59.68%与44.76%、38.31%、37.38%（表7-1）。

表7-1   黄河上中游天然林保护修复不同实施阶段森林生态系统滞尘量

滞尘	实施前	实施后	生态功能增量
吸滞TSP (亿吨/年)	2.90	5.25	2.35
滞纳PM_{10} (万千克/年)	9914.52	16071.77	6157.25
滞纳$PM_{2.5}$ (万千克/年)	2047.54	3269.58	1222.04

7.1.2 空间分布

如图7-1至图7-3所示，黄河上中游天然林保护修复工程区内各省（自治区）森林生态系统滞纳TSP增量最大的省份为陕西省，其滞纳TSP物质量为0.53亿吨/年，占总滞纳TSP物质量的22.55%；其下依次为内蒙古自治区、河南省、甘肃省、山西省和青海省，其总滞纳TSP物质量共为1.75亿吨/年，占总滞纳TSP物质量的74.47%；宁夏回族自治区滞纳TSP物质量较少，为0.07亿吨/年，仅占总滞纳TSP物质量的2.98%。滞纳$PM_{2.5}$和PM_{10}物质量较大的省份为陕西省，其滞纳$PM_{2.5}$和PM_{10}物质量为1571.17万千克/年，占总滞纳$PM_{2.5}$和PM_{10}

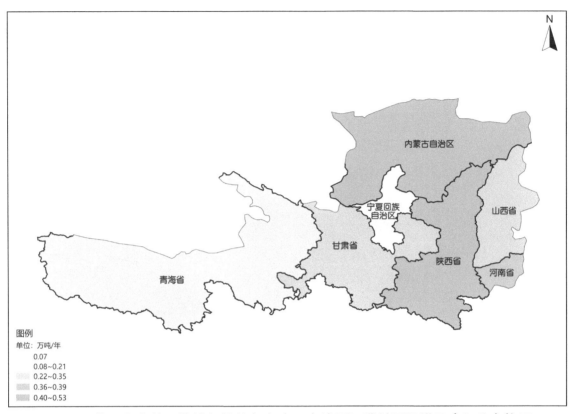

图7-1　黄河上中游天然林保护修复各省（自治区）滞纳TSP增量空间分布格局

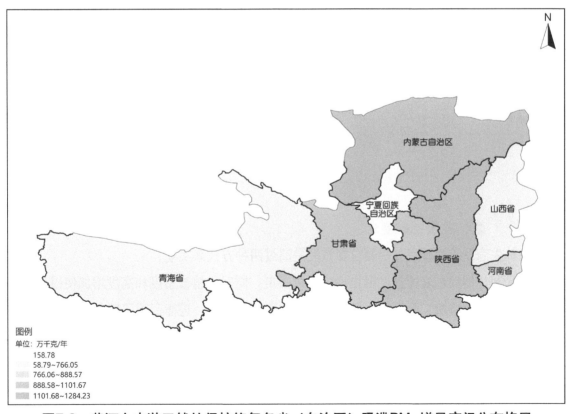

图7-2　黄河上中游天然林保护修复各省（自治区）吸滞PM$_{10}$增量空间分布格局

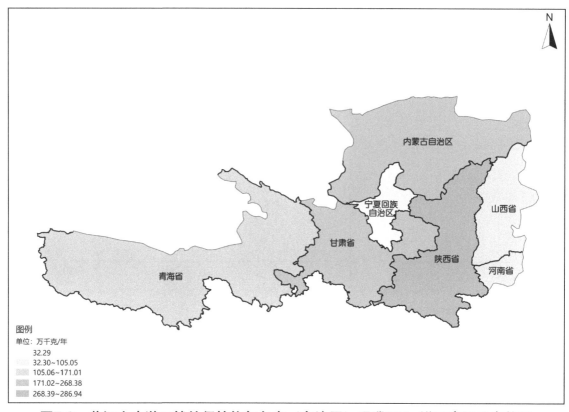

图例
单位: 万千克/年
32.29
32.30~105.05
105.06~171.01
171.02~268.38
268.39~286.94

图7-3　黄河上中游天然林保护修复各省（自治区）吸滞PM$_{2.5}$增量空间分布格局

物质量的21.29%；其下依次为内蒙古自治区、甘肃省、河南省、山西省和青海省，其滞纳 PM$_{2.5}$和PM$_{10}$物质量共为5617.05万千克/年，占总滞纳PM$_{2.5}$和PM$_{10}$物质量的76.12%；宁夏回族自治区滞纳PM$_{2.5}$和PM$_{10}$物质量最少，为191.07万千克/年，仅占总滞纳PM$_{2.5}$和PM$_{10}$物质量的2.59%。

7.2　滞尘功能提升驱动力分析

7.2.1　森林资源结构变化

森林生态系统消减空气中颗粒物浓度是通过两种方式来实现：

一是通过增加地表覆被度阻止沙尘被风带走，同时，植被密度和高度增加使得作用在植被上的剪切力增加，而作用在裸露地表上的则相应减少，进而起到了降低土壤风蚀的作用（石雪峰，2005），有研究证明总输沙量与植被覆盖率、植株高度和地表粗糙度显著负相关（张华等，2002）。植被盖度在60%左右时，风蚀率很小，几乎为零。随着植被盖度减少，风蚀率开始缓慢增加，当植被盖度减少至20%左右时，风蚀率突然增加，这一趋势一直维持到植被全部消失。风蚀率与植被盖度的关系表明，人为地减少或增加植被对土壤风蚀的发生或制止具有十分明显的影响作用。在防止土壤风蚀的实践中，根据具体的土壤风蚀状况及防风蚀的目标，掌握植被盖度的临界指标，保持植被盖度在20%或60%以上，将会从根本制止强烈风蚀或风蚀的发生（董治宝等，1996）。

祁栋林等（2018）对青海省2004—2017年间的降尘量开展了研究，表明青海省柴达木盆地、环青海湖区、东部农业区和三江源地区年降尘量分别以–10.9、–6.2、–9.8和–31.2吨/（平方千米·年）的速率呈减小趋势，三江源地区减小速率最大。青海省和各生态功能区气候向暖湿化发展、土壤湿度持续增长、植被覆盖缓慢上升及风速减小，从而增强了地表土壤颗粒物之间的内聚力和拖曳系数，由此地表沙粒的起动风速增加，可以通过抑制地表起尘而减少降尘量。此外，21世纪初国家在青藏高原实施的林业生态工程，天然植被保护力度加大，致使风沙天气日数和强度明显减弱，通过改善生态环境和增加植被覆盖减少地表起尘。

二是通过林冠层增加地表粗糙度，起到降低风速的作用，风速的降低使其携带沙尘的能力降低，进而产生沙尘沉降，一部分沉降至地面，另一部分则被叶片所滞纳。在流沙环境下，林地作为高大的粗糙元，不仅能够改变近地层气流的流速、流态和流场结构，使风廓线发生位移或改变，还可在林地与邻近的旷野之间形成局地环流。当风由旷野吹向林地时，在迎风区距林缘一定距离处，风速开始减弱。在林缘附近，一部分气流被抬升，在林冠上方形成速度相对较高的"自由流"，越过森林后又形成下沉气流，在背风区一定距离处向各个方向扩散；另一部分气流进入林内，由于受到树干、枝叶的阻挡、摩擦、摇摆，气流在分散的同时消耗大量的运动能量，从而在林冠层下形成速度较低的"束缚流"。由于林地有效降低了林内及其周边的气流流速，当含尘量较多的气流通过林地时，就会有较多的粉尘沉降于林地庇护区内（张华等，2005）。

根据其作用机理可以分为减尘作用、滞尘作用、吸尘作用、降尘作用和阻尘作用等5个作用途径。其中减尘作用是指通过植物覆盖减少地面起尘，从而起到减轻空气颗粒物污染的作用；滞尘作用是指通过植物叶面吸附直接捕获空气颗粒物，从而达到减少空气中颗粒物含量的作用；吸尘作用主要是指利用植物叶面表面吸收和转移空气颗粒物，从而起到降低空气中颗粒物含量的作用；降尘作用主要指利用植物降低风速，从而促进空气颗粒物沉降和减少空气颗粒物污染的作用；阻尘作用则主要是利用植物尤其是高大的防风林带改变风场，从而阻拦空气颗粒物进入某些需要保护的局部区域而起到防护作用（左海军等，2016）。

由图7-4所示，2000—2018年间，黄河上中游天然林保护修复区累计造林面积中，防护林面积占据了绝大部分，工程区内总占比为99.06%。除了陕西省外，其他省份均在90%以上，其中，青海省、宁夏回族自治区和内蒙古自治区占到了99%以上。许多研究都已经证明，在风沙区营造大面积的防护林是防治沙尘暴的有效途径之一，防护林体系的建立改变了下垫面的状况，增加了地表粗糙度，不仅能削减风速，减小风蚀，还可以截留粉尘、影响粉尘沉降。携沙气流受防护林阻挡时少量粉尘会被林冠截留，大部分粉尘受林前上升气流影响被抬升输送到林后沉降，同时，防护林的存在也改变了林内的气象条件，从而达到在一定影响范围内抑制降尘飘移的效果（刘艳萍等，2003；付晓萍，2003；徐立帅等，2017）。防护林状况不同，地表粗糙度就不同，进而对风速的影响也不同，降尘量也因之不同，乔木林对降尘影响较大，灌木林对降尘影响次之。

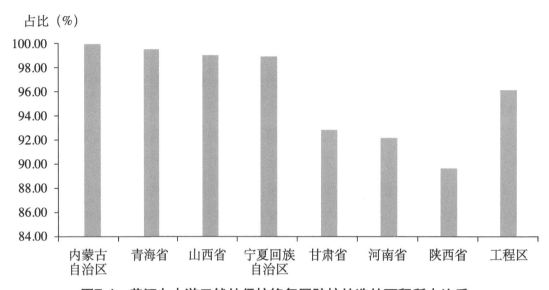

占比（%）

图7-4　黄河上中游天然林保护修复区防护林造林面积所占比重

牛香等（2017）研究证明了由于不同树种的叶片结构特性存在差异，使其在滞纳颗粒物能力大不相同（表7-2），例如：气孔密度、叶面积指数、叶片表面粗糙及绒毛、分泌黏性油脂和汁液等。针叶树种与阔叶树种相比，针叶树绒毛较多、表面分泌更多的油脂和黏性物质，气孔密度较大，污染物易于在叶表面附着和滞留；阔叶树种虽然叶片较大，但叶表面比较光滑，分泌的油脂和黏性物质较少，污染物不易在叶表面附着和滞留；另外，针叶树种为常绿树种，叶片可以一年四季滞纳颗粒物。

表7-2　不同类别树种（组）颗粒物滞纳能力

类别	滞纳颗粒物能力［千克/（公顷·年）］		
	TSP	PM_{10}	$PM_{2.5}$
松类	21240	19.12	5.20
柏类	10460	8.53	1.26
阔叶类	6480	3.94	0.48

经分析黄河上中游天然林保护修复区森林资源数据资料，截至2018年，工程区内松类、杉类、柏类和阔叶类树种面积分别为167.3万公顷、49.77万公顷、45.97万公顷和814.06万公顷，其所占比重分别为15.53%、4.62%、4.27%、75.58%。由此可以看出，阔叶类树种对于天然林保护修复实施后的滞纳颗粒物能力贡献最为明显，松类的作用也不容忽视。但就实施期间的面积增长幅度来说，松类和柏类的增幅均高于阔叶类，其面积增幅分别为25.38%和31.76%，这同样表明，工程区内松柏类针叶树种面积的增加，对于工程区森林滞纳颗粒物能力的提升具有促进作用。

那么，就不同类别树种对于各省（自治区）森林滞纳颗粒物功能能力提升而言，除了青海省外，其他省（自治区）内松类、杉类、柏类和阔叶类树种的面积均为阔叶林面积最大，各类型树种在天然林保护修复实施后森林滞纳颗粒物的贡献大小与整个工程区的相同，均以阔叶类树种贡献最大。

同时，乔木被认为是最有效的吸附滞纳空气颗粒物的植被，相比灌木和草本，乔木凭借其硕大的林冠、较多的叶片含量、复杂的枝叶结构及林冠结构可增加空气颗粒物的沉降速率，更有利于叶片对颗粒物的吸附作用，在针叶树种中，松类吸附能力要高于柏类；阔叶树种中，银杏、毛白杨等树种滞纳能力较差（张维康，2016）。经分析黄河上中游天然林保护修复区森林资源数据得知（图7-5），2018年乔木林面积占比为51.57%，则说明乔木林在滞纳颗粒物方面发挥了较大的作用。但就每个省（自治区）而言，存在一定的差别，例如在内蒙古自治区、宁夏回族自治区和青海省，其乔木林所占比重均在30%以下，青海省甚至低于10%。由于环境条件所限，避免森林与人类争夺宝贵的水资源，这些区域只能发展灌木林，则在这些区域内发挥滞纳颗粒物功能的主体则为灌木林。

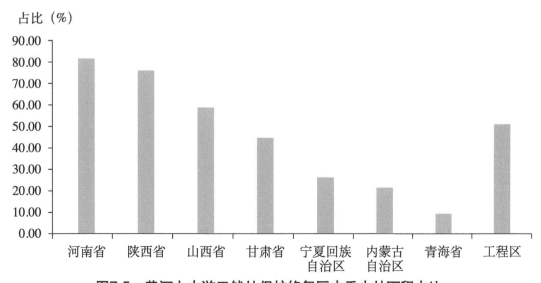

图7-5　黄河上中游天然林保护修复区内乔木林面积占比

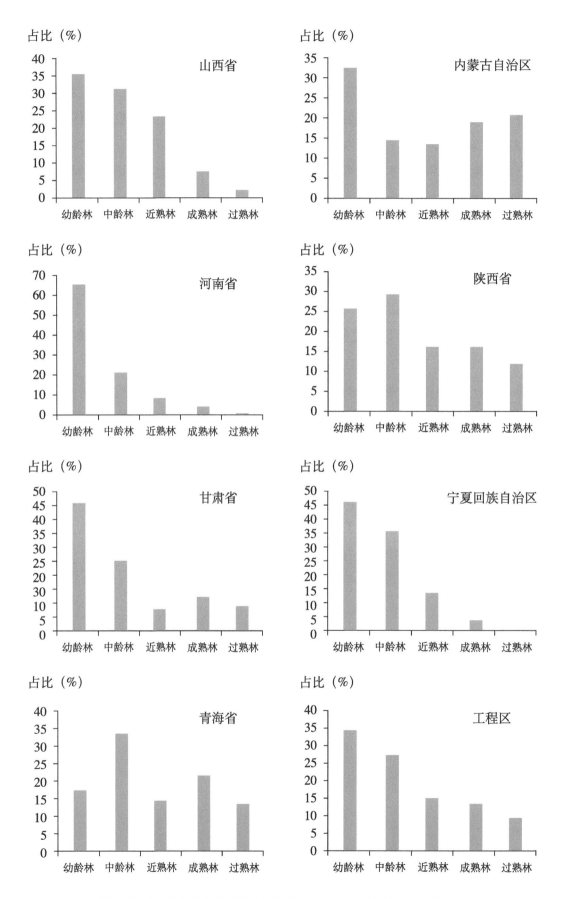

图7-6 黄河上中游天然林保护修复区不同林龄组面积占比

房瑶瑶等（2015）对陕西关中地区不同森林类型滞纳颗粒物的研究结果显示，大部分树种幼龄林滞纳颗粒物功能较低，而近熟林、中龄林和成熟林的滞纳功能较高。近熟林、中龄林的林分结构已较为稳定和成熟，因此，随着林龄的增加，其颗粒物的滞纳功能没有显著的增加。从图7-6中可以看出，黄河上中游天然林保护修复区森林资源面积中，中龄林、近熟林和成熟林面积占比为55.84%，高于幼龄林和过熟林面积占比，表明了黄河上中游天然林保护修复区森林生态系统滞纳颗粒物功能发挥的主体为处于中龄林、近熟林和成熟林阶段的森林资源。对于各省（自治区）而言，除了内蒙古自治区、河南省和甘肃省外，其他4个省（自治区）均以中龄林、近熟林和成熟林面积占比最大，那么亦说明了在这4个省（自治区）中，森林生态系统滞纳颗粒物功能发挥的主体为处于中龄林、近熟林和成熟林阶段的森林资源。就发展的角度来看，内蒙古自治区、河南省和甘肃省天然林保护修复区内森林生态系统滞纳颗粒物能力将会大幅度的提升，以上3个省（自治区）天然林保护修复区内处于幼龄林的森林资源面积占比均高于同省份的其他林龄组分别为32.43%、65.11%和45.60%。随着时间的推移，在较短时间尺度上，这些处于幼龄林阶段的森林资源将会进入中龄林阶段，那么其将发挥较强的滞纳颗粒物的能力。

7.2.2　重点生态功能区

黄河上中游天然林保护修复区涉及了阴山北麓草原生态功能区，该生态功能区位于我国北方农牧交错带，是严重的风蚀沙化区，被认为是京津地区风沙源之一（肖玉等，2018）。《国家主体功能区规划》把该区域的四子王旗、乌拉特中旗、达尔罕茂明安联合旗等6个旗划为重点生态功能区中重要的防风固沙区（赵艳华等，2017），明确要减少人类活动干扰，促进生态系统自我恢复和保护。在阴山北麓草原生态功能区防风固沙受益范围内受益的土地覆被面积为396.88万平方千米，主要位于东部经济较为发达地区，防风固沙服务在减少沙尘对受益区社会经济影响中发挥了重要作用。

通过对比1995年和2015年阴山北麓草原生态功能区土地利用方式空间数据（图7-7），草地面积增加较为明显，其次就是林地面积。林地面积的增加，在增大了防风固沙功能供给能力外，还提升了森林生态系统的滞尘功能。曹博（2018）研究发现，在区域尺度上，2000—2015年阴山北麓草原区植被NDVI呈不显著的增加趋势，增加速率为0.009/10年；像元尺度上，NDVI变化速率主要在0~0.04/10年的区间内。植被呈增加趋势的像元占到总区域的71.16%，主要分布于西部的乌拉特中旗和乌拉特后旗。

2015年与1995年相比，阴山北麓草原生态功能区内，景观尺度上的连通度指数呈现向好的趋势（表7-3），不同类型斑块格局得到了优化，为防风固沙效益的提升奠定了基础。

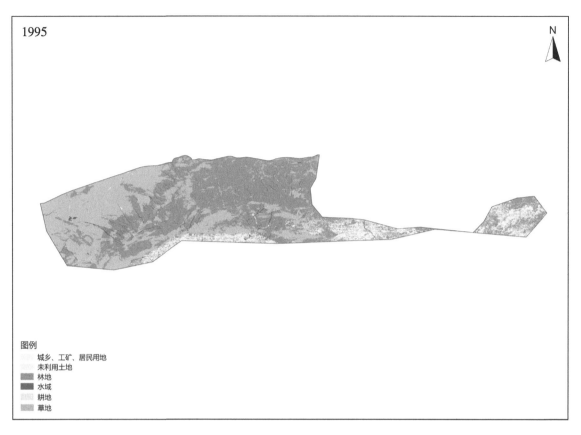

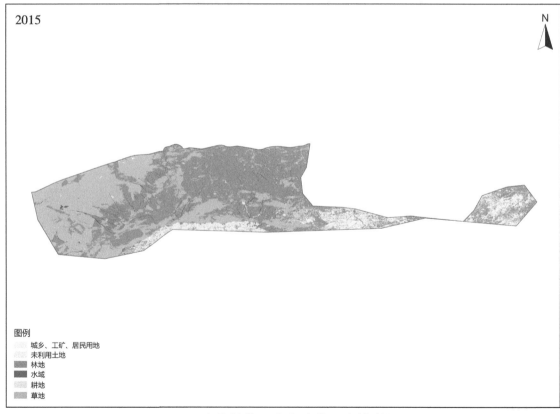

图7-7　阴山北麓草原生态功能区土地利用变化

  2015年与1995年相比，林地斑块连通度指数明显好转（表7-4），生态功能区内森林斑块逐渐扩大并出现了合并的现象，降低了林地独立斑块之间的隔离程度，保障了生态功能区内森林生态系统防风固沙和滞尘效益的稳定发挥乃至持续增长。

表7-3 景观尺度连通度指数

重点生态功能区	时期	蔓延度指数	散布与并列指数	内聚力指数	景观分割指数	聚集度指数
阴山北麓草原生态功能区	1995	60.1001	48.1900	93.2783	0.8369	89.1928
	2015	60.9037	48.5444	93.5943	0.7632	89.2696

表7-4 林地斑块连通度指数

重点生态功能区	时期	散布与并列指数	内聚力指数	景观分割指数	聚集度指数
阴山北麓草原生态功能区	1995	24.4921	98.5707	1.0011	91.7695
	2015	24.7295	98.5953	1.0001	91.8406

第八章

生物多样性保护主导功能分析

8.1 生物多样性保护功能时空变化及分布

8.1.1 时间变化

黄河上中游天然林保护修复实施期前、实施后，其森林生态系统生物多样性保护价值量分别1572.69亿元/年和3334.11亿元/年。根据天然林保护修复实施前后的森林生态系统生物多样性保护价值量之差得出：黄河上中游天然林保护修复生态功能增量森林生态系统生物多样性保护功能价值增量为1761.42亿元/年，分别相当于天然林保护修复实施前后生物多样性保护价值量的112.00%和52.83%（图8-1）。

价值量（亿元／年）

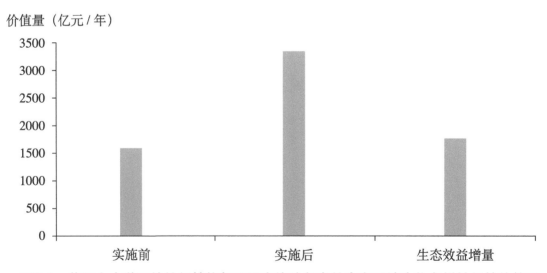

图8-1 黄河上中游天然林保护修复不同实施阶段森林生态系统生物多样性保护价值量

8.1.2 空间分布

黄河上中游天然林保护修复各省（自治区）生物多样性保护价值增量空间分布如图8-2所示。生物多样性保护功能价值增量最大的省份为陕西省，为791.35亿元/年，占生物多样性保护总价值增量的44.93%；其他依次为：河南省、甘肃省、山西省、内蒙古自治区

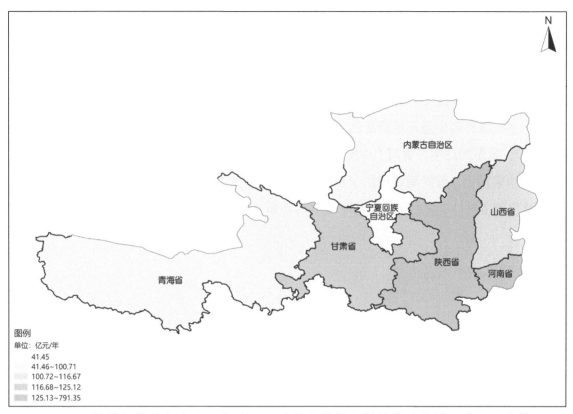

图8-2　天然林保护修复各省（自治区）生物多样性保护价值功能增量空间分布格局

和青海省，其生物多样性保护功能价值增量分别为485.87亿元/年、125.12亿元/年、116.67亿元/年、100.72亿元/年和100.24亿元/年，所占比例分别为27.58%、7.10%、6.62%、5.72%和5.69%；宁夏回族自治区的生物多样性保护功能价值增量最小，为41.45亿元/年，仅占生物多样性保护总价值增量的2.35%。

8.2　生物多样性保护功能提升驱动力分析

森林生物多样性是生态环境的重要组成部分，是人类共同的财富，在人类的生存、经济社会的可持续发展和维持陆地生态平衡中占有重要的地位。20世纪90年代，森林对野生生物保护和生物多样性的价值得到越来越多的认可，森林为许多物种提供赖以生存的栖息地，如猛禽、鸣禽、植物、真菌和无脊椎动物等（UK National Ecosystem Assessment，2011）。生物多样性是生态系统持续发展和生产力的核心，是实现人类社会可持续发展的基础。随着社会发展及对自然认识的提高，生物多样性的重要性日益显现，对生物多样性的研究和保护已逐渐引起人们的重视，并已成为生态学领域研究的热点问题之一（孙广贵和张命军，2011）。全球范围内关键生态系统服务的减少使人类社会面临巨大的威胁，生物多样性是生态系统提供各种产品和服务的基础。生态恢复工程对退化的生态系统服务和生物多样性进行修复，对于缓解人类环境压力具有非常重要的意义（吴舒尧等，2017）。

天然林是生物圈中功能最完备的动植物群落，其结构复杂、功能完善；是生物圈中最重要的基因库，蕴藏着丰富的生物多样性；是陆地生态系统强有力的支撑体系，发挥着维护生态平衡和提高生态环境质量的主体作用（欧阳君祥和肖化顺，2014）。如图8-3至图8-4所示，截至2018年，黄河上中游天然林保护修复区实有森林管护面积3534.25万公顷，与实施初期相比，管护面积增加了1875.94万公顷，管护面积的增加为天然林保护修复区内森林生物多样性功能的提升奠定了重要的物质基础；各省（自治区）中，陕西省和内蒙

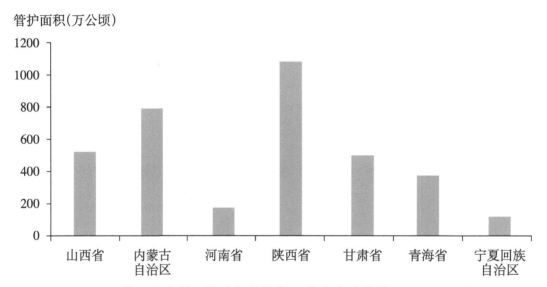

图8-3　黄河上中游天然林保护修复区实有森林管护面积（2018年）

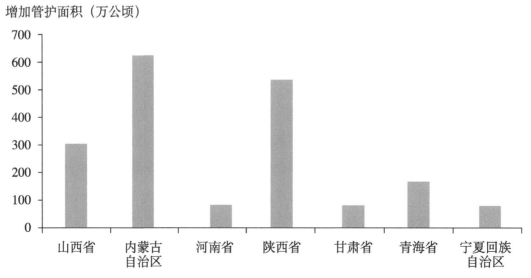

图8-4　黄河上中游天然林保护修复生态功能增量实有森林管护增加面积
（2001—2018年）

古自治区实有管护面积最大，占天然林保护修复区总管护面积的52.84%，两省份的管护森林面积增加量同样最大，占天然林保护修复区总增加面积的61.75%。

天然林具有较高的生物多样性，对天然林资源的保护是生物多样性保护的最佳途径。通过对现有天然林的保护和经营，使林分具有比较协调而又相对稳定的生态环境，发挥自我调控和保护的作用。对于不同林龄组而言，根据经营目的对过熟林进行合理利用和更新，通过择伐的方式，尽快伐除病腐木，改善天然林的生态环境，促进天然更新；对已被破坏的天然林，通过封山育林，进一步提高森林的自控能力；在林中空地，营造适宜的人工林，从而提高生物多样性（张慧勤等，2002）。

吴舒尧等（2017）对199篇涉及生态恢复方式的划分情况和主要生态措施的文献进行了归纳，最终分为了低度介入（自然恢复）、中度介入（环境干预）和高度介入（对要恢复的种群、群落和生态系统的直接干预）。其中，低度介入主要有3类恢复措施，包括禁止人类活动，转变为低影响的管理模式和移除其他胁迫因子如野生动物闯入、污染源等；中度介入主要有6类生态恢复措施，包括改良土壤环境，改善水文环境，调控营养循环，通过物理手段改善或构建适宜恢复对象生存的生境，通过生物措施改善或构建适宜恢复对象生存的生境和调控野火、洪水、潮汐等自然干扰等；高度介入，主要有4类生态恢复措施，包括植被重建，改变种群结构，转变土地利用方式和重建生态系统等。综上所述，以上3种程度的介入模式在天然林保护修复对于森林生态系统的保护和修复中均有不同程度的体现。

吴舒尧等（2017）的研究还发现，将恢复后生态系统与退化生态系统的响应比值换算为提升的百分比后发现，采用低度介入的恢复方式时，生物多样性较退化系统提升了25%，生态系统服务提升了31%；中度介入时，生物多样性和生态系统服务分别提升了22%和31%；高度介入时，两项分别提升了151%和45%，也就说明植被重建、改变种群结构、转变土地利用方式和重建生态系统等对于提升生态系统生物多样性的作用最为明显。高度介入方式对生物多样性在中长期的恢复和生态系统服务在中短期的恢复也具有显著作用。因在退化的生态系统中，原系统结构与物种组成已遭到破坏，常常需要人为促进适生先锋种类的定居，从而改善土壤、小气候等环境条件，并达到生物多样性的临界水平，使得其他物种得以进入并启动后续演替过程。

森林植被重建和重建森林生态系统的首要任务即为造林，继而开展一系列的保护和修复工作，达到重建森林植被乃至生态系统的目的。在生态学和恢复生态学原理指导下，重建人工林系统，并采取有效保护措施，依靠生态系统自组织能力和自然演替规律，恢复生态系统生物多样性、结构与功能，促进人工生态系统向自然生态系统演替（丁国民，2013）。随着工程区森林植被不断增加，森林生态系统功能逐步恢复，局部地区生态状况明显改善。何慧娟等（2019）研究证明，1999年国家实施天然林保护工程及退耕还林工程以来，秦岭地区生态环境得以恢复和发展，植被覆盖度、叶面积指数、净初级生产力等多个植被指标均呈上升趋势（何慧娟等，2019）。

如图8-5至图8-6所示，天然林保护修复，黄河上中游天然林保护修复区造林面积在不断地增加，截至2018年年末，累计造林面积为575.07万公顷，比2000年增加了571.21万公顷。其中，陕西省和内蒙古自治区造林面积最大，占天然林保护修复区总造林面积的66.61%。范擎宇等（2017）研究证明，生境适宜性评价是开展生物多样性保护的基础与关键，黄河源头及中游生境适宜性较高，2013年黄河流域的整体生境质量要优于2001年。黄河流域森林覆盖率由1980年的10.42%增加到2015年的10.56%，呈逐年上升趋势。在2000年前后森林面积骤增，政府贯彻"以营林为主，采育结合"的方针，实施以"天然林保护"为主的水源涵养林植被恢复工程；倡导以保护为主，合理利用，是2000年后森林面积陡然

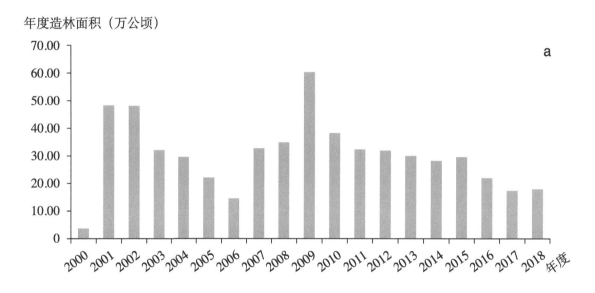

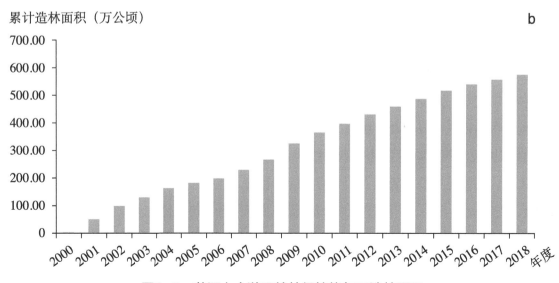

图8-5　黄河上中游天然林保护修复区造林面积

占比（%）

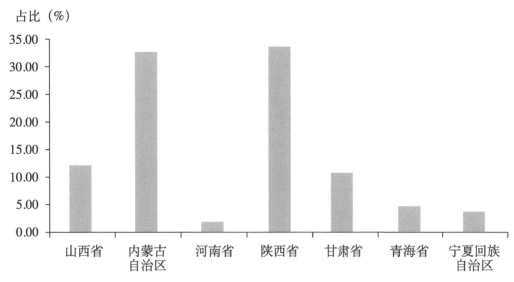

图8-6　黄河上中游天然林保护修复区各省份造林面积

增加的原因所在（王尧等，2021）。

　　干扰是种群动态变化的重要因素之一，它可以通过改变生境条件、增加生境异质性等许多复杂的过程使植物群落本身发生结构、动态过程的变化，甚至改变其演替方向。抚育间伐是常见的森林干扰类型，可以通过改变林分的密度、结构，影响森林的生长发育和演替方向（孙广贵和张命军，2011）。森林抚育是基于森林演替、森林干扰、生长阶段性和资源竞争、林分稀疏、林分密度调控等理论基础上的。抚育经营的目的有林分密度调整、树种组成与植物配置、土壤养分与水分改善、林木生长发育的生态条件改进。天然林抚育经营是提高我国生态系统的生产力、森林资源质量，增强生物多样性与稳定性的重要途径（肖化顺等，2014）。孙广贵和张命军（2011）的研究表明，山杨次生林在弱度、中度抚育下能够提高群落物种多样性，而强度抚育降低了群落物种多样性；但在侧柏人工林为不同强度抚育后林下植物种数增加，以中强度抚育的林分增幅最大；Simpson、Shannon-Wiener多样性指数和Pielou均匀度指数均随抚育强度增大而增加，Shannon-Wiener指数对抚育措施更为敏感。

　　经查询相关统计资料（图8-7），1999—2000年与2012—2018年，黄河上中游天然林保护修复区森林抚育面积为151.59万公顷，其中，以陕西省、甘肃省和山西省森林抚育面积最大，占天然林保护修复区总森林抚育面积的80.70%。黄河上中游天然林保护修复区森林抚育面积占同期工程区内造林面积的比重为63.65%，同期造林面积为131.71万公顷，表明天然林保护修复区内森林抚育的范围较广，起到了人为促进森林生态系统修复的效果，对天然林保护修复区内森林生物多样性的提升起到了至关重要的作用。

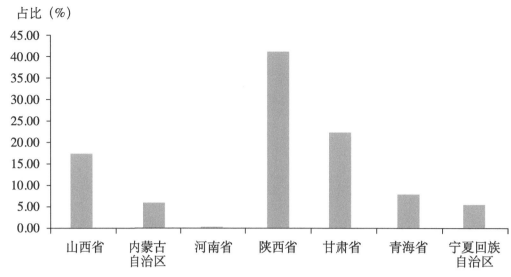

图8-7 黄河上中游天然林保护修复区森林抚育面积情况
（1999—2000年/2012—2018年）

程中倩等（2018）在我国森林天然更新及人工促进天然更新研究中发现，1949—2018年间的60多年中，我国森林更新目的由单纯地只重视木材应用，以人工造林为主；到中期逐步意识到保护生物多样性、增加森林资源，开始采用飞播造林、中幼林抚育等措施，借助自然力，促进天然更新。黄河上中游天然林保护修复区的造林方式分为人工造林、飞播造林以及无林地和疏林地封育3种，其中飞播造林和无林地及疏林地封育面积最大，分别占总造林面积的44.78%和36.11%（图8-8）。同时，各省（自治区）3种方式的造林面积，也是均以飞播造林和无林地及疏林地封育面积最大（图8-9）。

植被生态修复是生态修复的一个分枝，从大尺度看，植被生态修复是在人为促进条件下，一个区域植被系统质量整体提高；从小尺度看，可以是一种植被类型，甚至一个天然群落在人为促进条件下的恢复，特点是以天然生态系统的自我恢复能力为轴心，顺应群落自然演替规律，人工补植或播种乡土植物种苗，提高群落持续恢复速度。通过生态修复的植被类型或者群落具备一般生态系统基本功能，建群种能够自我更新，群落能不断向更高级阶段演替（张文辉和刘国彬，2009）。为使退化生态系统恢复生物生产力、提高生物多样性，并保证系统结构与功能的正常发挥，防护林建设有必要以群落演替理论为基础（王盛萍等，2010）。防护林指具有目标防护（如防止雪崩、泥石流、干旱风等）或直接防护功能的森林生态系统，防护林同时应具备立地防护功能以及游憩、固碳、生物多样性保护等功能（Van Noord H，1998）。黄河上中游天然林保护修复区造林中涉及的林种类型有用材林、经济林、防护林、薪炭林和特种用途林，其中，以防护林面积最大，占到了总造林面积的99.06%。

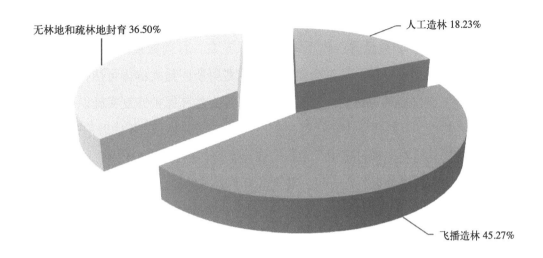

图8-8　黄河上中游天然林保护修复区不同造林方式所占比重

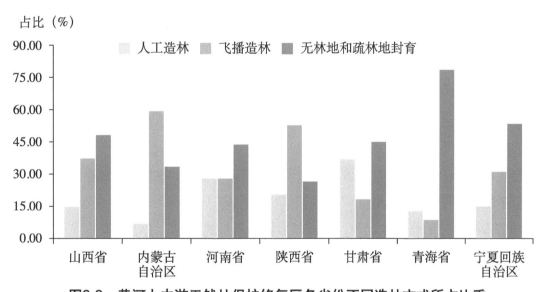

图8-9　黄河上中游天然林保护修复区各省份不同造林方式所占比重

8.3　天然林保护修复对野生动物多样性保护作用

随着天然林保护修复的不断实施，天然林保护修复区内严格落实天然林管护责任，全面停止一切形式的森林采伐，不断加强现有林管护，积极开展封山育林，极大地提升了黄河上中游森林质量和扩大了森林面积，为更多野生动物提供了繁衍生息的场所，野生动物种群数量显著增加，促进了黄河流域野生动物多样性的保护。

贺兰山马麝在选择适宜性生境环境时，偏好于活动在乔木密度更大、乔木距离更近、植被盖度更大、水源更近、人为干扰更远、隐蔽级更高的区域内（王继飞等，2021）。杨全生等（2015）在祁连山自然保护区天然林保护工程的成效的研究中，发现天然林保护修复对祁连山自然保护区野生动物生物多样性起到了积极的作用。于天保一期工程实施前，国家一级保护动物藏野驴数量曾一度下降到100只左右，目前数量上升到1000只左右；在祁丰保护站的野马大泉一带，常常会发现成群的藏野驴，最大群体可达100只以上。马鹿、狍鹿、血雉、斑尾榛鸡等林栖性动物的遇见率是天然林保护修复实施以前的2~4倍，分布范围也明显扩大。昌岭山、大黄山等保护站的岩羊在20世纪90年代以前几乎绝迹，难得一见，而现在护林员在巡护过程中几乎每次都能见到，在海拔3000米以上的高山裸岩、高山流石滩、高山草甸随处可见几十只，甚至几百只岩羊活动。

赫万成（2020）研究表明，三江源地区随着栖息地保护和生态系统的日益修复，诸如藏羚羊、野牦牛、棕熊、藏野驴、马鹿、黑颈鹤等野生动物种群数量逐年增加，目前约有蹄类共计约18万头只。胡天华等（2012）在贺兰山国家重点保护野生动物的现状及分析的研究报道中，详细地列出了贺兰山自然保护区野生动物种类与分布范围，这与刘晓红等（2004）报道的贺兰山国家重点保护野生动物比较，新增了阿穆尔隼、鹅喉羚、棕尾3种保护动物，表明分布于贺兰山的国家重点保护野生动物种数有增加的趋势，这可能与近年来保护管理力度的加大，禁牧封育、羊只下迁，使贺兰山生态环境逐年恢复有关。同时，岩羊是珍稀物种，具有较高的观赏价值，同时岩羊也是一种有较高经济价值的野生动物。同时，岩羊是贺兰山的优势种，种群数量较大，而且种群数量还在以每年10.54%的速度递增（刘楚光，2006）。

野生动物适应性生境环境的改善，除了提高了原有物种的种群大小和稳定性以外，还会为更多的新物种提供栖息地。

随着森林植被的修复和保护，营造了多样的栖息地环境，生境类型适宜更多物种生存，且随着野生动物生存环境显著改善，野生动物种类逐年增多。例如，近年来，在宁夏回族自治区六盘山国家级自然保护区内出现了新的野生动物种类：毛冠鹿（高惠等，2017）、斑背噪鹛（祝招玲等，2018）、蓝鹀（石锐等，2019）等。

第九章

黄河上中游天然林保护修复生态效益综合分析

2019年10月15日，习近平总书记在黄河流域生态保护和高质量发展座谈会上的讲话中提道：黄河流域构成我国重要的生态屏障，是连接青藏高原、黄土高原、华北平原的生态廊道，拥有三江源、祁连山等多个国家公园和国家重点生态功能区。黄河生态系统是一个有机整体，要充分考虑上中下游的差异。上游要以三江源、祁连山、甘南黄河上游水源涵养区等为重点，推进实施一批重大生态保护修复和建设工程，提升水源涵养能力。中游要突出抓好水土保持和污染治理。新中国成立以来黄河治理取得巨大成就，水土流失综合防治成效显著，生态环境明显改善。三江源等重大生态保护和修复工程加快实施，上游水源涵养能力稳定提升。中游黄土高原蓄水保土能力显著增强，实现了"人进沙退"的治沙奇迹，库布齐沙漠植被覆盖率达到53%。下游河口湿地面积逐年回升，生物多样性明显增加。

1998年长江流域发生特大洪灾后，中共中央国务院下发《关于灾后重建、整治江湖、兴修水利的若干意见》（中发98〔15〕号），提出"全面停止长江黄河上中游的天然林采伐，森工企业转向营林管护"。国家林业局对原《重点国有林区天然林资源保护工程实施方案》作了进一步调整和补充，将长江黄河上中游地区部分地方森工企业和国有林场纳入了工程实施范围，工程实施范围由原来的12个省（自治区、直辖市）国有重点森工企业扩大到18个省（自治区、直辖市）的国有和地方森工企业，并编制了《重点地区天然林资源保护工程实施方案》，于1998年12月7日上报国务院。实施天然林保护工程是党中央、国务院做出的重大战略决策，是我国林业建设史上的一个重大事件，举世瞩目。正确认识天然林资源在我国林业建设中的地位，认真实施好天然林保护工程，对于我国的生态文明建设及国土生态安全具有十分重要意义。此次评估表明，天然林保护修复的实施对于黄河上中游的生态环境改善、生物多样性的保护都发挥了极大作用。本章主要对黄河上中游天然林保护修复的生态效益特征及其主要影响因素进行了综合分析，并在此基础上阐述其对于社会经济发展的影响。

9.1 黄河上中游天然林保护修复生态效益特征

经评估得出：黄河上中游天然林保护修复区生态效益总价值在天然林保护修复实施前、实施后分别为6936.96亿元/年和11880.84亿元/年，期间生态效益年总价值增加了4943.88亿元，增长幅度为71.27%。根据《中国林业和草原年鉴（2020）》相关统计数据显示：截至2019年，整个天然林保护修复总投资为3277.96亿元。黄河上中游天然林保护修复实施后生态效益总价值相当于天然林保护修复投资的3倍余。其中：涵养水源功能价值量为3391.61亿元/年、保育土壤功能价值量为2154.62亿元/年、固碳释氧功能价值量为800.81亿元/年、林木养分固持功能价值量为253.14亿元/年、净化大气环境功能价值量为1946.55亿元/年、生物多样性保护功能价值量为3334.10亿元/年。各项生态功能价值量所占比例大小排序为：涵养水源功能（28.55%）、生物多样性保护功能（28.06%）、保育土壤功能（18.14%）、净化大气环境功能（16.38%）、固碳释氧功能（6.74%）、林木养分固持功能（2.13%）。由此可以看出，黄河上中游天然林保护修复的实施，对于河流域上中游水土保持和生物多样性保护方面发挥了极大作用，且在改善生态环境、防灾减灾、提升人民生活质量方面发挥了显著的正效益。

从黄河上中游天然林保护修复涉及的7个省（自治区）级行政单元看，天然林保护修复实施后，生态效益总价值功能量最大的省份为陕西省，为3794.53亿元/年，占生态效益总价值量的31.94%；其他依次为：河南省、山西省、内蒙古自治区、甘肃省和青海省，其生态效益总价值量分别为2242.15亿元/年、1688.08亿元/年、1448.51亿元/年、1423.20亿元/年和970.60亿元/年，所占比例分别为18.87%、14.21%、12.19%、11.98%和8.17%；宁夏回族自治区的生态效益总价值量最小，为313.52亿元/年，仅占生态效益总价值量的2.64%（图9-1）。

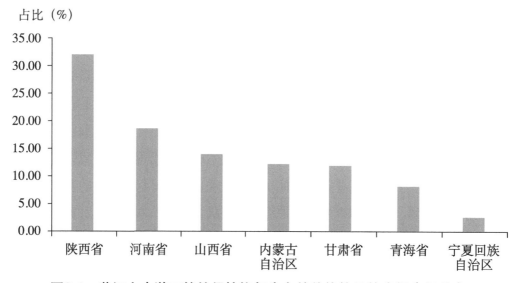

图9-1　黄河上中游天然林保护修复生态效益价值量的省级空间分布

黄河流域处于干旱、半干旱地区过渡带，生态环境脆弱。但黄河作为我国北方地区的"生态廊道"，又创造了充满活力的河流生态系统。黄河河源区是流域重要的水源涵养和补给区；黄河上中游横贯世界最大也是生态最脆弱的黄土高原和荒漠戈壁，是黄河成为多泥沙河流和下游"地上悬河"的根源；黄河下游为沿黄地区经济社会发展及防止土地沙漠化、盐碱化等生态恶化提供了重要的水资源。因此，黄河是我国西北、华北地区最重要的生态安全保护屏障和生态建设的重要载体和依托。随着黄河上中游天然林保护修复的实施，对于"绿水青山"的保护和建设进一步扩大了"金山银山"体量，天然林保护修复区内森林生态效益得以持续稳定的发挥，改善了区域生态环境，极大地提升了区域生态承载力，为推进新时代社会主义生态文明建设提供了良好生态条件。

综合来看，黄河上中游天然林保护修复生态效益的特征主要体现在以下几个方面。

（1）减少了水土流失

天然林保护修复实施后，黄河上中游天然林保护修复区涵养水源量达512.45亿立方米/年，相当于2020年黄河流域水资源总量的55.86%，较天然林保护修复实施前的305.10亿吨，增加了67.96%。固土量为9.73亿吨，与2020年黄河多年平均泥沙含量（1950—2020年）大致相当，比天然林保护修复实施前的5.51亿吨/年，增加了76.59%。

习近平总书记强调，保障黄河长治久安。黄河水少沙多、水沙关系不协调，是黄河复杂难治的症结所在。尽管黄河多年没出大的问题，但丝毫不能放松警惕。要紧紧抓住水沙关系调节这个"牛鼻子"，完善水沙调控机制，解决"九龙治水"、分头管理问题，实施河道和滩区综合提升治理工程，减缓黄河下游淤积，确保黄河沿岸安全。

黄河流域特别是黄土高原地区，水土流失十分严重。严重的水土流失，不仅造成黄土高原地区生态环境恶化、人民群众长期生活贫困、经济社会发展缓慢，而且导致黄河下游河道持续淤积抬升、河床高悬。黄河上中游天然林保护修复的实施，极大地提升了黄河流域水土保持能力，为黄河连续21年全年不断流提供了坚实的基础，彻底扭转了过去频繁断流的趋势，保障了流域及相关地区城乡居民生活和工农业生产供水安全，取得了巨大的经济效益、社会效益和生态效益。

（2）增强了森林碳汇

天然林保护修复实施后，黄河上中游天然林保护修复区固碳总量（2463.30万吨/年）相当于2018年黄河流域碳排放量（38.41亿吨二氧化碳，杜海波等，2021）的2.35%。与天然林保护修复实施前相比，森林生态系统固碳量增加了58.37%。

黄河流域是全国石油、煤炭等能源资源的主要供应基地，亦是连接青藏高原、黄土高原、华北平原的生态廊道，流域经济社会发展与生态环境保护矛盾极为突出。随着2019年黄河流域生态保护与高质量发展提升为国家区域发展战略，以碳减排为目标的流域综合治理与可持续发展成为统筹与协调该地区不平衡、不充分"保护与发展"之间矛盾的重要突破路径（杜海波等，2021）。因此，实施以恢复自然植被为目标的林业生态工程，增加黄河流域林业绿色减排功能，是制定、实施及评估流域碳减排策略的主要支撑，也是实现黄河流域生态保护与高质量发展的迫切要求。

（3）净化了大气环境

天然林保护修复实施后，黄河上中游天然林保护修复区吸收污染物总量为45.46亿千克/年，与天然林保护修复实施前相比，其吸收污染物总量增加了76.75%；滞纳TSP总量为5.25亿吨/年，与天然林保护修复实施前相比，其滞纳TSP总量增加了81.03%。

黄河流域是我国北方重要的人口密集区和产业承载区，高密度人口的布局和高强度的开发建设使流域内大气污染问题日益突出。加快大气污染治理，切实改善环境空气质量，对于推动黄河流域实现高质量发展至关重要（王敏等，2020）。黄河流域城市、工业与农业的发展产生大量固体、液体、气体废弃物，造成水污染、土壤污染、空气污染、噪声污染等问题（曹越等，2020）。黄河流域高浓度的大气污染物对植被和生物多样性均造成了一定影响，植被覆盖度由东南向西北方向递减，局部仍然存在退化现象，生物的多样性受到了严重威胁（王维思等，2021）。因此，黄河上中游天然林保护修复区森林生态系统净化大气环境功能的发挥，提升了区域空气环境质量，为区域社会经济发展、生态空间质量提升和人居环境改善起到了积极的推进作用。

（4）提高了生物多样性

天然林保护修复实施前，黄河上中游天然林保护修复区生物多样性价值量为1572.69亿元/年，天然林保护修复实施后，该地区生物多样性价值量增长为3334.11亿元/年，增加了1761.42亿元/年，增幅最为明显，占总生态效益增加价值量的35.63%。

黄河流域生态保护与高质量发展已上升为重大国家战略，黄河流域中有多处区域在生态保护方面具有国家重要性。由于生物多样性保护是维持生态功能和促进高质量发展的根基，对于黄河流域的生物多样性保护具有重要意义。但是，黄河流域目前还面临着很严峻的问题，区域生物多样性与生态系统功能仍然有待提升，部分人工林内物种组成单一、乔灌草比例不均衡（曹越等，2020）。

9.2 天然林保护修复生态效益影响因素分析

森林生态效益的发挥不仅取决于森林数量的提高，更依赖于森林质量的改善，而这一切是林业政策、自然环境条件和社会经济发展等多因素相互作用的结果。本节从天然林保护修复资源因素和自然环境因素方面对影响天然林保护修复生态效益发挥的理论因素进行了分析。

9.2.1 森林资源数量变化

黄河上中游天然林保护修复生态效益提升的首要驱动因素就是森林面积的变化。从各项服务的评估公式中可以看出，森林面积是生态系统服务强弱的最直接影响因子。据统计资料显示，黄河上中游天然林保护修复区实施前、实施后的森林面积分别为1555.99万公顷和2238.37万公顷，增加了682.38万公顷，增长幅度为43.86%。森林面积的增长，主要是靠工程区内的造林工程。经查询相关统计资料，天保工程造林面积为455.80万公顷，2000—2018年间年度造林面积如图9-3所示，其在各省间的分布如图9-4所示，造林面积主要集中在了陕西省和内蒙古自治区，占总造林面积的67.55%。其中，人工造林、飞播造林、无林地和疏林地封育的造林面积分别占总面积的14.77%、49.16%、36.07%，以飞播造林面积所占比重最大。

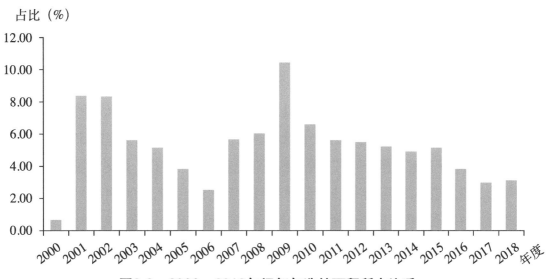

图9-3　2000—2018年间每年造林面积所占比重

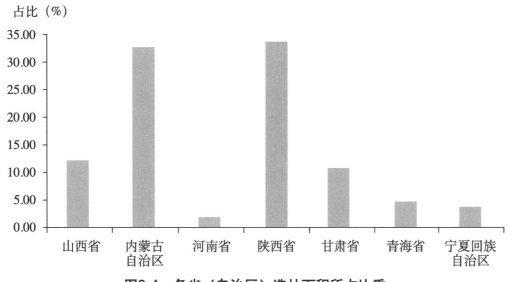

图9-4　各省（自治区）造林面积所占比重

黄河上中游天然林保护修复区的造林活动，增加了森林资源面积，生态效益得到了提升，进而提高了本区域的生态环境适宜性。袁丽华等（2015）通过对2000—2010年黄河流域的植被覆盖率变化和水体岸边带生态健康综合指数进行分析，研究表明NDVI从2005年以来呈现快速增长的趋势且西部和东南部偏高，北部低的特征；水体岸边带生态健康综合指数升高，有改善趋势，上中游生态健康状况优于下游，从侧面反映了研究期内黄河流域的生境在逐渐好转。黄河上中游森林资源空间分布不均匀，由2000—2015年黄河上中游植被覆盖空间分布状况可以得出，植被覆盖整体呈现出由东南向西北逐步减少的趋势（温小洁和姚顺波，2018；颜明等，2018），这一趋势与天然林保护修复生态效益空间分布相同。

随着天然林保护修复不断深入，天然林保护修复区内的森林覆盖率不断增加，森林生态系统不断完善、扩大，使其所在地区生态系统功能不断增强，明显改善了天然林保护修复区原有的生态问题，主要表现于以下几个方面（曾雪梅，2016）。

第一，有效解决了水土流失问题。水土流失是森林资源消耗过度所引发的主要问题之一，其直接导致土质结构疏松，从而引发多种自然灾害。天然林保护修复实施后，黄河上中游天然林保护修复区涵养水源量达512.45亿立方米/年，较天然林保护修复实施前增加了67.96%；固土量为9.73亿吨/年，比天然林保护修复实施前增加了76.59%。柴元方等（2017）在200年以来黄河流域干支流水沙变化趋势研究中发现：黄河流域干流径流量自2004年后为增加趋势，中游年输沙量在2003年前均为增加趋势，2005年后呈减小趋势且在2008年后均突破临界值下限。张艳艳（2012）以黄河流域12个主要水文测站为研究对象，分析了黄河干流及主要支流水沙变化规律，表明黄河流域径流含沙量呈现逐年减少趋势。同时，由于流域内水土流失状况得到遏制，减少了径流中污染物的含量，河流中的水质也得到了改善（王玉平，2016）。

第二，丰富了天然林保护修复区内的生物多样性。一方面随着植物不断生长，生态环境不断恢复，天然林保护修复区内植被种类明显增多，进而形成相对科学的草、灌、乔结构，增强了森林生态系统的光合作用效率和水保功能。另一方面，随着天然林保护修复区生态环境不断改善，区内的野生动物种类也不断增加，从侧面证明了天然林保护修复对生态建设的推动作用。天然林保护修复实施前，黄河上中游天然林生物多样性价值量为1572.69亿元/年，天然林保护修复实施后，该地区生物多样性价值量增长为3334.11亿元/年，增加了1761.42亿元/年，增幅最为明显，占总增加价值量的35.63%。随着天然林保护修复的实施，区内的自然保护区人为干扰大为减少，这为森林植被的生态恢复与自然演替创造了条件，森林植被状况日益改善。野生动物的栖息繁衍环境、食物链结构相比实施前也得到极大改善，各自然保护区普遍反映的野生动物活动相比过去更为频繁，种群数量明显增加或逐渐恢复，尤其是重点保护野生动植物（刘扬晶等，2016）。

占比（%）

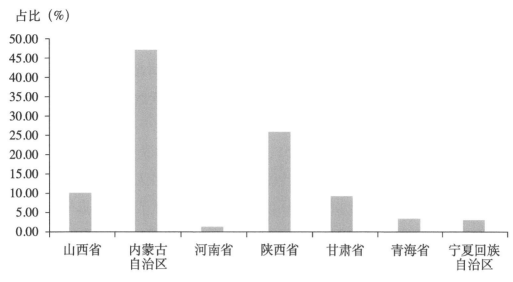

图9-5 各造林林种中防护林在各省（自治区）的分布

在所有造林林种中，以防护林面积最大，占总造林面积的99.06%。由图9-5可以看出，在所有造林林种中的防护林在各省的分布，内蒙古自治区和陕西省的防护林占据了绝大部分，占总防护林造林面积的72.84%。防护林是以发挥防护效应为基本经营目的的森林的总称。从生态学角度出发，防护林可以理解为利用森林具有影响环境的生态功能，保护生态脆弱地区的土地资源、农牧业生产、建筑设施、人居环境，使之免遭或减轻自然灾害，或避免不利环境因素危害和威胁的森林。营建防护林是世界各国应对自然灾害和生态问题而采取的重要防治对策，随着环境问题的日趋严峻，森林生态服务功能逐渐为人们所认知，更加凸显了防护林建设的重要性。

9.2.2 森林资源质量变化

森林资源质量的变化也是黄河上中游天然林保护修复生态效益提升的重要驱动因子。森林资源质量与生物量有直接的关系。由于蓄积量与生物量存在一定关系，则蓄积量也可以代表森林质量。有研究表明，生物量的高生长也会带动其他森林生态系统服务功能项的增强（谢高地，2003）。生态系统的单位面积生态功能的大小与该生态系统的生物量有密切关系（Feng et al，2008；吕锡芝，2013），一般来说，生物量越大，生态系统功能越强（Fang et al，2001）。据统计资料显示，黄河上中游天然林保护修复区实施前、实施后森林蓄积量分别为5.06亿立方米和8.30亿立方米，增长了3.24亿立方米，增长幅度为64.03%。结合森林面积的变化可以看出，黄河上中游天然林保护修复区森林蓄积量的增长幅度高于森林面积的增长，说明天然林保护修复的实施对于森林质量的提升作用明显。黄河上中游天然林保护修复区内森林蓄积量的增加与森林管护密切相关，截至2018年，工程内管护面积为3534.25万公顷，占全国天然林保护修复实有管护面积的23.50%。同期，全国森林蓄积量增长幅度为17.71%，黄河上中游天然林保护修复区蓄积量的增长幅度高于同期全国水平，说明黄河上中游天然林保护修复实施对于我国森林资源质量的增长作用明显，这就是我国实施天然林保护修复的目的所在，解决我国天然林的休养生息和恢复发展问题。

在涵养水源方面，陈国阶等（2005）在长江上游生态系统的研究中发现，通过提升生物量和植被覆盖，可以有效地控制水土流失，进而减少泥沙入江。大量研究结果证实了随着森林蓄积量的增长，涵养水源功能逐渐增强的结论，主要表现在林冠截留、枯落物蓄水、土壤层蓄水和土壤入渗等方面的提升（Tekiehaimanot，1991；贾忠奎等，2012；张淑敏，2012）。但是，随着林分蓄积的增长，林冠结构、枯落物厚度和土壤结构将达到一个相对稳定的状态，此时的涵养水源能力应该也处于一个相对稳定的最高值。史晓巍等（2007）开展了天然次生林生态系统静态持水能力与林分蓄积量之间的关系，静态持水量达到平衡状态时的林分蓄积处于241.56~369.95立方米/公顷，此时涵养水源功能也处于一个相对稳定的状态。王威等（2011）研究表明，随着林中各部分生物量的不断积累，尤其是受到枯落物厚度的影响，森林的水源涵养能力会处于一个相对稳定的状态。

森林生态系统涵养水源功能较强时，其固土功能也必然较高，其与林分蓄积也存在较大的关系，丁增发（2005）研究表明，根系的固土能力与林分生物量呈正相关，而且林冠层还能降低降雨对土壤表层的冲刷，谢婉君（2013）在开展的生态公益林水土保持生态效益研究时，将影响水土保持效益的各项因子进行了分配权重值，其中林分蓄积的权重值最高。

林分蓄积量的增加即为生物量的增加，根据森林生态系统固碳释氧功能评估公式可以看出，生物量的增加即为植被固碳量的增加。另外，土壤固碳量也是影响森林生态系统固碳量的主要原因，全球陆地生态系统碳库的70%左右被封存在土壤中（李丽君，2013），Post等（1982）研究表明，在特定的生物、气候带中，随着地上植被的生长，土壤碳库及碳形态将会达到稳定状态。也就是说在地表植被覆盖不发生剧烈变化的情况下，土壤碳库是相对稳定的。随着林龄的增长，蓄积量的增加，森林植被单位面积固碳潜力逐步提升（魏文俊，2014）。有研究表明，2003—2008年期间黄河流域上、中游的森林植被碳储量比1999—2003年期间分别增加了7.61%和13.13%，且黄河流域森林植被碳储量占同期全国碳储量的比例呈增加趋势，且未来固碳潜力巨大，将在全国森林碳汇中发挥重要作用（贾松伟，2018）。刘博杰等（2016）研究表明，天保工程一期在我国温室气体减排和减缓全球气候变暖上做出了巨大贡献。

另外，林龄结构与森林资源质量也有着非常密切的关系。从资源数据变化中可以看出（图9-6），天然林保护修复生态功能增量，中龄林和近熟林的面积和蓄积量增长量分别

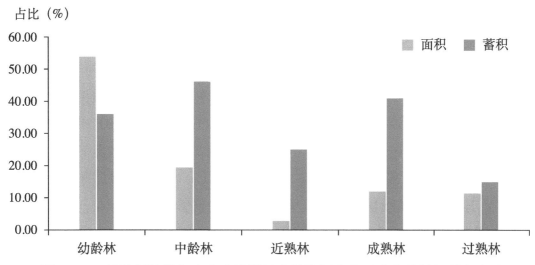

图9-6 天然林保护修复生态功能增量森林资源变化量中各林龄组所占比重

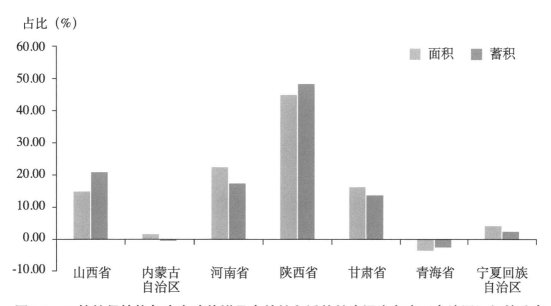

图9-7 天然林保护修复生态功能增量中龄林和近熟林资源在各省（自治区）间的分布

占总面积和蓄积量变化量的39.07%和49.83%，蓄积量增长幅度远高于其面积的变化，则说明了中龄林和近熟林质量提升较为明显。同时，在图9-7中还可以看出，中龄林和近熟林面积和蓄积量主要集中在了陕西省，其比重分别为44.92%和48.56%，其次为河南省和甘肃省。森林生态系统服务是在林木生长过程中产生的，林木的高生长也会对生态系统服务带来正面的影响（宋庆丰等，2015）。林木生长的快慢反应在净初级生产力上，影响净初级生产力的因素包括：林分因子、气候因子、土壤因子和地形因子，它们对净初级生产力的贡献率不同，分别为56.7%、16.5%、2.4%和24.4%。同时，林分自身的作用是对净初级生产力的变化影响较大，其中林分年龄最明显（肖兴威，2005），中林龄和近熟林有绝对的优势（许瀛元等，2012）。

有研究表明，林分蓄积随着林龄的增加而增加（巨文珍等，2001）。随着时间延伸，幼龄林逐渐向成熟林的方向发展，从而使林分蓄积得以提高。代杰（2009）的研究显示，林分年龄与其单位面积水源涵养效益呈正相关性，随着林分年龄的不断增长，这种效益的增长速度逐渐变缓。本文结果证实了以上现象的存在。王忠利等（2000）研究得出，随着林龄的增长，林冠面积不断增大。林冠面积的增长，也就代表着森林覆盖率的增加，土壤侵蚀量接近于0时的森林覆盖率高于95%（李鹏，2003），其研究结果还得出随着植被的不断生长，其根系逐渐在土壤表层集中，增加了土壤的抗侵蚀能力。但是，森林生态系统的保育土壤功能不可能随着森林的持续增长和林分蓄积的逐渐增加而持续增长，唐小燕（2012）研究得出土壤养分随着地表径流的流失与乔木层及其根、冠生物量呈现幂函数变化曲线的结果，其转折点基本在中龄林与近熟林之间。这主要是因为由于森林生产力存在最大值现象（王玉辉等，2001），其会随着林龄的增长而降低（Murty and Murtrie，2000；Song and Woodcock，2003），年蓄积生产量/蓄积量与年净第一生产力（NPP）存在函数关系，随着年蓄积生产量/蓄积量的增加，生产力逐渐降低（王玉辉等，2001a、2001b；赵敏，2004）。

9.3 天然林保护修复生态效益对社会经济的影响

2019年9月18日上午，中共中央总书记、国家主席、中央军委主席习近平在郑州主持召开黄河流域生态保护和高质量发展座谈会并发表重要讲话。他强调，要坚持绿水青山就是金山银山的理念，坚持生态优先、绿色发展，以水而定、量水而行，因地制宜、分类施策，上下游、干支流、左右岸统筹谋划，共同抓好大保护，协同推进大治理，着力加强生态保护治理、保障黄河长治久安、促进全流域高质量发展、改善人民群众生活、保护传承弘扬黄河文化，让黄河成为造福人民的幸福河。

天然林是生态功能最完善、最强大的森林，在防止水土流失、遏制土地沙化、减轻自然灾害等方面，其作用更是明显。由于天然林的复杂立体结构，能对降雨层层截留、吸收、蒸散、渗透和渗漏。在雨季，能在一定程度上减弱洪峰流量，延缓洪峰到来时间；在旱季，能增加枯水流量，缩短枯水期长度，真正起到削洪与补枯的作用，发挥防灾减灾效益。实施长江上游、黄河上中游地区天然林资源保护工程，是党中央、国务院针对我国生态环境状况，站在国家和中华民族长远发展的高度，着眼于经济与社会可持续发展全局作出的重大决策。加快这一地区的生态环境保护和建设，是防治长江、黄河水患的治本之策，是西部大开发的根本性措施和重要内容，直接关系到中华民族的繁衍生息。

9.3.1 水土保持功能对社会经济的影响

习近平总书记高度重视黄河流域节水工作。2019年，习近平总书记在郑州主持召开黄河流域生态保护和高质量发展座谈会，强调"坚持以水定城、以水定地、以水定人、以水定产，把水资源作为最大的刚性约束，合理规划人口、城市和产业发展，坚决抑制不合理用水需求"。2021年，在济南主持召开深入推动黄河流域生态保护和高质量发展座谈会，强调"必须严守资源特别是水资源开发利用上线，用强有力的约束提高发展质量效益。全方位贯彻'四水四定'原则。要精打细算用好水资源，从严从细管好水资源"。近年来，习近平总书记在甘肃、宁夏等沿黄省份考察时均对节约用水作出重要指示。习近平总书记的重要讲话和指示批示精神，是新时期做好黄河流域水资源节约集约利用工作的思想指引和根本遵循。

9.3.1.1 提高了区域内水资源可利用性

森林生态系统可以起到缓冲器和吸收器的作用，通过截留水分来改变降水的时空分布，影响地表径流的形成，起到一定的削洪作用，另外森林土壤孔隙可暂时性贮存一部分重力水，补给河流和地下水，增加枯水期流量，起到一定的调蓄功能，进而提升水资源的可利用性（葛东媛，2011）。水资源具有自然资源和经济资源的双重特性，是维持生态健康和影响区域经济社会发展的决定性因素之一，水资源的合理开发利用对区域发展具有战略性意义。近年来，随着经济社会的发展，城镇化步伐的加快，黄河流域水资源供需矛盾逐步凸显出来。作为我国粮棉、能源重化工基地，黄河流域的水资源合理开发利用就显得尤为重要（王猛飞等，2016）。随着气候变化和人类活动加剧，近60年来，黄河流域气温明显升高，干旱发生频率和影响程度显著提高，给流域水安全和能源、粮食、生态安全带来了极大风险（王煜，2017）。王玉平（2016）研究表明，实施天然林保护修复将对维持水资源循环平衡起到积极有效的作用。

评估结果显示：黄河上中游天然林保护修复实施后，黄河上中游天然林保护修复区森林生态系统涵养水源量为512.45亿立方米/年，相当于2020年黄河流域水资源总量的55.86%，较天然林保护修复实施前的森林生态系统涵养水源量增加了207.35亿立方米/年，也就是说黄河上中游天然林保护修复的实施，增加了区域内水资源量，为工农业及人民生产、生活提供了可利用的水资源。有关研究显示：2009—2013年水资源分布－经济发展要素基尼系数表明，黄河流域水资源分布与人口、GDP以及农作物播种面积的匹配关系均处于"极不匹配"状态；黄河流域水资源配置与人口GDP的匹配关系是"相对匹配"，与农作物播种面积的匹配关系处于"高度匹配"状态，但不匹配程度在逐年减缓。黄河流域城镇综合生活、工业的年供水量已由1980年的33.95亿吨增加到2015年的141.61亿吨，年均增长率为4.16%。黄河以其占全国河川径流2%的有限水资源，承担着全国15%的耕地面积、12%的人口、14%的GDP及60多座大中城市的供水任务，黄河城镇供水不仅产生了2.36万亿元的巨大经济效益，而且对保障流域社会稳定、提高人民生活水平、改善部分地区生态环境起到了积极作用（宋红霞和胡笑妍，2016）。另外，黄河上中游天然林保护修复涵养水源功能有效保障了黄河流域及相关地区的供水安全，促进了经济社会的发展。黄河流域煤炭、石油、天然气等能源资源十分丰富，在我国经济社会发展战略格局中占有十分重要的地位。黄河为陇东、宁东、鄂尔多斯市、山西省、陕北等国家重点能源基地和长庆油田、中原油田、胜利油田等提供水源保障，使这些地区煤炭、电力、煤化工、石油等支柱产业得到迅猛发展，为保障国家能源安全做出了巨大贡献。

9.3.1.2 保障了河道、水库及水电站的运行安全

1998年我国长江、嫩江和松花江流域的特大洪水也是由于森林的滥砍滥伐，造成严重的水土流失，使得河道、水库和湖泊的淤塞，在强降水来临时终于引发了洪水，给社会经济和人民生活带来了巨大损失。所以，我国便启动了天然林资源保护、退耕还林（草）等林业重大生态工程，恢复生态脆弱区森林植被，以起到防止水土流失等生态功能。森林生态系统的水土保持功能主要是通过森林植物、枯枝落叶和森林土壤个作用层再分配降水来实现的。一方面森林具有截持降水、抑制土壤蒸发和减少了地表产流量的功能，另一方面森林具有增加降水入渗、吸收和阻延地表径流及固土护坡的功能，由此说明，森林具有缓冲器和吸收器的作用。这些作用从根本上避免了土壤的溅蚀并增强了土壤的抗冲能力，可有效涵养水源，预防地质灾害的发生（葛东媛，2011；吴昌广，2011）。同时，减少了河流中泥沙含量，保障了河道、水库及水电站的运行安全。评估结果显示：黄河上中游天然林保护修复区森林生态系统固土量为9.73亿吨/年，与2020年黄河多年平均含沙量（1950—2020年）大致相当，比天然林保护修复实施前的森林生态系统固土量增加了4.22亿吨/年。

王玉平（2016）研究表明，实施天然林保护修复以来对水文要素的影响，从短期来看影响趋势微弱，但从中长期来看，对维持水资源循环平衡、防灾减灾等方面将起到积极有效的作用。近几十年来，黄河干支流上修建许多大中型水库，中游实施水土保持措施，下游建设许多引水工程等（王延贵等，2018），这些水库一旦被淤积，库容减少，在汛期极有可能引发决堤、溃坝等风险。黄河下游防洪保护区涉及河南省、河北省、山东省、安徽省及江苏省等5省，保护区内分布有郑州、济南2座省会城市，涉及25个地级市、110个县。黄河一旦决口，将给保护区人民带来巨大灾难。黄河在历史上决溢改道频繁，每次决口都给人民生命财产带来了巨大损失，给社会稳定带来巨大影响。人民治理黄河以来，通过防洪工程、非工程措施建设及综合调度运用，避免了因堤防决口和河流改道造成的社会动荡，为社会稳定做出了巨大贡献。近20年黄河下游防洪工程减免大堤决口9次，防洪效益38515亿元（陈卫宾等，2016）。

水电站正常运转依靠的水流动力，森林生态系统的涵养水源功能起到了延长径流时间、削减洪峰的作用，在一定程度上保障了水电站所需的动力和运行安全。截至2015年，

黄河流域建设水电站568座，装机容量22081.6兆瓦，累计发电量11863.8亿千瓦时，采用影子电价法计算，黄河流域累计产生水力发电经济效益7486.5亿元。黄河流域水电开发减少标准煤耗3.9亿吨，减排二氧化碳约10.7吨；黄河干流大中型水电站的巨大调峰作用不仅是华北、西北电网安全稳定运行的重要保障，而且为西北丰富的光电、风电资源有效利用提供了条件；此外，黄河流域水电开发在促进区域经济发展、改善偏远山区群众生产生活条件等方面发挥了重要作用（魏洪涛等，2016）。

9.3.2 净化水质功能对社会经济的影响

黄河是中华民族的母亲河，黄河流域生态保护和高质量发展是重大国家战略。"十三五"期间，生态环境部在黄河流域共布设137个国控断面。从监测数据看，黄河流域水质总体呈逐年好转趋势，水质状况从轻度污染改善为良好。2020年，黄河流域I~III类断面比例为84.7%，比2016年提高25.6个百分点。其中，黄河干流水质为优，2018年以来I~III类断面比例均为100%；黄河主要支流水质由轻度污染改善为良好，I~III类断面比例达80.2%，比2016年提高31.2个百分点，已全面消除劣V类断面。

黄河流域水污染治理取得积极进展，但水生态环境形势依然严峻。一是水环境改善态势并不稳固，流域内环境基础设施欠账较多，部分地区化肥农药过量施用，农业农村面源污染防治瓶颈亟待突破；二是生态用水严重不足，黄河流域水资源开发利用率高，河湖断流干涸与流域高耗水问题并存；三是河湖生态服务功能退化，黄河上游地区天然草地退化，黄河中下游河流湿地面积减少，黄河三角洲自然湿地萎缩。

所以，黄河上中游天然林保护修复对于天然植被的修复和森林面积的增加起到了积极的作用，将破碎化的森林景观逐渐的连通起来，尤其是水源涵养林和防护林的构建，极大地提升了进入河道水体的水质。

森林生态系统对水质的影响，一方面由于森林截留降水、固持土壤的作用，减少了降水、径流对地表的冲刷，降低了径流中的泥沙含量；另一方面，由于大气、森林的林冠、枯落物、土壤等不同层次与降水、径流之间的一系列的物理化学作用，使得降水经过大气进入森林形成径流并从森林生态系统输出的过程中，水的化学性质时刻发生着变化。在此过程中，降水的性质发生改变，最终以径流的形式输出，汇入溪流、湖泊等地表水体，进而影响地表水的水质（刘楠，2011）。黄河为流域内66个地市（州、盟）、340个县（市、旗）1.14亿人提供水源保障，对社会稳定、经济社会发展、环境和卫生条件改善等起到了积极作用，提高了人民生活质量。多次实施引黄济津、入冀应急调水，有效缓解了流域外河北、天津的工农业生产和城市生活用水的紧张局面，改善了河北省沧州、衡水地区农村缺水地区的人畜饮水水质和水源条件，促进了这些地区经济社会的发展。所以，黄河上中游天然林保护修复森林生态系统改善水质的作用就显得极为重要。

王玉平（2016）开展了天然林保护修复的实施对大夏河流域内各水文要素的影响分析，结果表明：2000年以后实施天然林保护修复以来，大夏河上中游水质明显得到改善。根据2003—2015年黄河流域流域上、中、下游9个监测断面4个水质指标的监测数据，对流域水质达标情况及各水质指标的时空演变特征进行了分析。结果表明：在该研究时段内，黄河流域水质整体呈逐步改善趋势，水质达标率由2004年的48.5%上升至2015年的77.4%（吕振豫和穆建新，2017）。

9.3.3 生物多样性保护功能对社会经济的影响

黄河流域在我国国土生态安全格局中具有重要地位，特别是在生物多样性保护和生态功能维持方面，黄河流域中的多个地区具有国家重要性：①《中国生物多样性保护优先区域范围（2015）》划定的35个生物多样性保护优先区域中，涉及黄河流域的有6处；②《全国生态功能区划（2015）（修编版）》在全国划定了63个重要生态功能区，其中涉及黄河流域的有10处；③山水林田湖草生态保护修复工程共25个试点中，涉及黄河流域的有7处。黄河流域生态保护与高质量发展已上升为重大国家战略，黄河流域中有多处区域在生态保护方面具有国家重要性。由于生物多样性保护是维持生态功能和促进高质量发展的根基，对于黄河流域的生物多样性保护亦有具有重要意义（曹越等，2020）。

我国林业部门承担着建设和保护"三个系统一个多样性"的重要职责，天然林保护修复作为这一领域最重要的工程之一，随着公益林建设、森林管护等多种营林护林措施的推进，森林生态系统逐步稳定，野生动植物适生环境不断增多，物种、动植物基因及生态系统的多样性受到保护，并不断恢复和逐年提高。随着黄河上中游天然林保护修复生态效益的不断发挥，区内生态环境得以恢复，生物多样性不断提升，为其开展森林旅游奠定了重要的物质基础。

改革开放以来，我国工业化城镇化进程加快，经济的持续高增长推动旅游市场扩容，大众化和多样化消费需求日益增长，居民消费结构变化推动旅游转型升级，这些为旅游业快速发展提供了重要机遇。随着旅游产业规模的不断扩大，带动会展、餐饮、购物等相关产业发展，旅游产业体系日趋完善。旅游业作为一个产业链长、融合多行业的大产业集群，各级政府高度重视旅游产业的发展，将作为国家保增长、扩内需、调结构的重要抓手之一。同时，在我国生态区位上，我国大江大河的上游、我国生态平衡的关键源头地区大多是经济发展的落后地区，如云贵高原、青藏高原、内蒙古高原等地处地势台阶的交汇区、干湿交替带、沙漠边缘的"生态环境脆弱带"，具有生态脆弱、稳定性差、抗干扰能力弱、可以恢复原状机会小的特征。对于这些限制开发和禁止开发地区，旅游产业作为唯一可以发展的产业显得非常重要（李杨，2012）。

黄河流域在中国国民经济空间开发单元中占有重要地位，一直以来都是多学科的研究热点，其中流域经济是一个重要的方面。黄河流域旅游资源极为丰富，尤其是陕西省、山西省、河南省、山东省4省，是中国历史文化遗产的富集地区，全国八大古都黄河沿线有4个，全国三大石窟艺术宝库都散布在黄河流域；全国五岳名山在黄河沿线有4个，黄河沿线4A级旅游景区有105个，占全国的25.0%。黄河流域不仅拥有大量相似性的旅游资源，同时又各具特色，可谓是种类繁多，数量丰富，为黄河流域旅游业的协同发展奠定了坚实的资源基础（王开泳等，2013）。据统计资料显示：2000—2018年间，黄河上中游省份林业旅游与休闲服务收入呈逐渐增长的趋势，尤其是从2008年后呈现快速增长，到2018年达到了528.67亿元。这些涉林旅游的类型包括森林旅游、自然保护区旅游、森林动植物旅游与休闲、湿地旅游等，收入类型包括门票收入、食宿收入、娱乐收入以及其他收入。

黄河上中游天然林保护修复省份林业旅游和与休闲服务的快速发展，推动了林业发展模式由木材生产为主转变为生态修复和建设为主，由利用森林获取经济利益为主转变为保护森林提供生态服务为主，建立有利于保护和发展森林资源、有利于改善生态和民生、有利于增强林业发展活力的国有林场新体制，为维护国家生态安全、保护生物多样性、建设生态文明作出更大贡献。

2011年12月6日，国务院新闻办举行《中国农村扶贫开发纲要（2011—2020年）》（以下简称《纲要》）新闻发布会，《纲要》将集中连片特殊困难地区作为扶贫攻坚主战场是新阶段扶贫开发工作的重大战略举措。在公布的14个集中连片贫困区中，有4个全部或部分位于黄河上中游天然林保护修复区内。本区域林业旅游与休闲服务的发展，起到了因地制宜确定扶贫开发措施的作用，用以统筹区域经济发展为基础，整合资源、集中投入、合力攻坚，解决制约贫困区域现代农业和区域经济发展的瓶颈问题，培育区域性经济增长点，发挥产业发展和城镇化建设的辐射带动作用，建立起促进扶贫对象增收和带动贫困地区发展的机制。

下 篇

社会经济效益报告

第十章

监测背景

黄河上中游地区的森林资源是我国大江大河源头、重要湖库及重大水利枢纽工程的生态安全屏障，也是黄河流域经济社会可持续发展的重要物质基础。启动实施天然林保护修复，对构建黄河上中游地区生态屏障、保障国家大江大河安澜、确保国家重点水利工程生态安全，具有不可替代的重要作用。

10.1 监测样本区域概况

10.1.1 监测范围

黄河流域天然林资源保护工程监测范围包括陕西省、甘肃省、宁夏回族自治区、内蒙古自治区和山西省5省（自治区）20个县（市、区、旗）和9个国有林业单位。监测样本行政区总面积797.86万公顷，2017年末总人口36.75万人。

10.1.2 森林资源状况

截至2017年底，监测样本天然林保护修复实施区域林地面积457.89万公顷，其中，有林地112.69万公顷，疏林地3.74万公顷，灌木林地128.54万公顷，未成林造林地47.91万公顷，其他林地163.72万公顷。

10.1.3 工程实施单位基本情况

2017年，监测区域天然林保护修复实施单位人员总数6044人，其中，在岗职工3532人，在岗职工人均年工资5.52万元，比2016年增加了1.56万元，增长了39.35%，职工的收入水平得到大幅度提高，生活条件得到较大改善。年末离退休人数1522人，发放离退休人员生活费共4510.46万元，人均离退休人员生活费2.96万元。在岗职工参加基本养老保险人员有2859人，参保率77.94%；参加基本医疗保险的在岗职工有3246人，参保率88.50%。

2017年，行政区（县域）林业总产值131.86亿元（现价），其中，林业第一产业产值105.99亿元，占80.38%；林业第二产业产值12.14亿元，占9.21%；林业第三产业产值13.73

156

亿元，占10.41%。从产业结构来看，黄河流域工程区第一产业比重远超全国平均水平[①]，第二、三产业比重明显偏低，产业转型升级明显滞后。

10.2　工程实施状况

天然林保护修复二期建设的主要目标：通过实施天然林保护修复二期，努力构建黄河中上游地区稳定的森林生态屏障。实现森林资源从恢复性增长进一步向质量提高转变；生态状况从逐步好转进一步向明显改善转变，工程区水土流失明显减少，生物多样性明显增加；林区经济社会发展由稳步复苏进一步向和谐发展转变，解决职工转岗就业问题，民生明显改善，社会保障全面提升，林区社会和谐稳定。

天然林保护修复二期的主要任务：一是继续停止天然林商品性采伐，确保黄河上中游地区森林生态功能修复。二是继续加强森林管护，管护森林面积11.66亿亩。三是加强公益林建设，完成公益林建设1.16亿亩，其中人工造林3050万亩、封山育林7100万亩、飞播造林1400万亩。四是实施中幼龄林抚育，完成国有中幼龄林抚育6990万亩。五是保障和改善民生，通过落实政策和工程项目，增加林区就业，提高职工和林农收入，健全完善社会保障体系，使职工收入和社会保障接近或达到社会平均水平。

10.2.1　森林资源持续性增长

从第八次全国森林资源清查结果看，全国天然林面积和蓄积量都大幅增加，其中黄河流域天然林保护修复发挥了重要作用。

10.2.2　生态环境进一步改善

天然林保护修复使我国森林资源得以休养生息，森林植被逐步恢复，水源涵养功能明显增强，水土流失面积逐年减少。随着环境的逐步优化，野生动物的生存环境也得到了改善，动植物物种及生态系统的多样性得到保护。

10.2.3　民生得到较大改善

天然林保护修复为黄河流域林区提供大量就业岗位，带动林区农民就业，5项社会保险补贴政策有效解决了在册职工的社会保障问题，棚户区改造政策加快了林区社会城镇化速度，有效改善了林区职工的生活和居住环境，鼓励和扶持以家庭为单位的种植业、养殖业、采摘业及林下经济的发展，拓宽了林区职工群众的致富途径。

[①] 2017年，全国林业第一、二、三产值占比分别为27%、52%和21%。

10.2.4 体制机制改革进行有益探索

进一步推进公检法、教育、医疗、消防、环卫等政府性、社会性职能的剥离工作，强化现代企业管理，优化人员结构、岗位职责，推动转型提质增效。

10.3 监测目标

开展天然林保护修复社会经济效益评价对于客观反映工程运行情况，及时调整国家政策，实现工程规划目标，提高国家投资效益，具有重大意义。天然林保护修复社会经济效益监测目标如下：

第一，广泛、真实、客观地反映天然林保护修复建设的综合效益。对于这样一项投资规模巨大、工程范围面大、社会影响广泛的林业重点生态建设工程，需要多角度、深层次、科学地评价工程建设对林区发展所产生的生态、社会、经济效益，以及在国有林区社会经济发展中所具有的地位和所起的作用。

第二，设计一套科学、可行的天然林保护修复社会经济效益评价指标体系。目前对天然林保护修复建设的效益评价比较多。这些工程检查、监测、评价所采用的指标对于深刻认识天然林保护修复建设进展、成效和存在的问题具有非常重要的作用。但是，在以往的评价指标中，一些指标设计的并不完全符合工程实施区的基本情况，随着天然林保护修复进一步发展，一些原有的指标失去了实际的意义，不具有应用价值。因此，本报告在现有评价指标的基础上，结合天然林保护修复实施现状，补充新的指标，优化原有指标体系，重新设计新的、可行的天然林保护修复社会经济效益评价指标体系。

第三，为完善天然林保护修复政策调整提供科学可靠的依据。决策部门需要依据政策进展和政策效益监测结果，采取"望闻问切"的办法，为政策制定及其执行情况进行"体检"，多维"透视"政策体系结构特点，为促进各层级、各类型的政策搭配、互补、协调，提供科学依据；正反"扫描"各项政策运行情况，"问诊"问题症结，纵横比较"把脉"政策业绩表现。本报告详细评价天然林保护修复的建设成效，肯定成绩，总结经验，查找不足，为天然林保护修复政策调整提供决策参考依据。

第四，提出政策建议。天然林保护修复效益评价的目标不仅仅是通过量化打分对工程实施效果进行评价，而是通过对目标层到指标层的量化分析，发现天然林保护修复在政策设计、执行、投资等方面存在的问题。然后，通过对不同性质问题的剖析，寻找解决问题的政策建议。这些政策建议，有些可以有针对性地解决当前天然林保护修复实施中存在的问题，有些可以作为设计天保政策调整和新阶段方案的参考依据。

第十一章

绩效评价方法选择

天然林保护修复实施效果评价不仅包含经济、社会、生态等方面的价值、效率等复杂问题，而且会涉及多种政策因素和非政策因素的相互作用和影响，因而给其评价方法的选择和实际应用带来实质性困难。目前，对于天然林保护修复实施效果评价主要借鉴政策科学的评价方法。最初的政策评价主要采用定性分析方法，但因受主观因素的影响较大，人们逐渐把数学、运筹学和经济学等学科的方法引用到政策评价中，以提升评价结果的科学性，政策评价逐步进入定性分析和定量分析相结合的阶段，评价质量有了显著提高。

定量分析法是指运用数量指标来进行评价。数量指标又可以分为客观指标和主观指标。所谓客观指标是指用一些客观存在的可以用数量来表示的指标；用主观指标进行评价，在评价时常常会涉及服务对象的主观感受，这时就需要用主观指标来进行测度，目前用得比较多的是度量表。在定量分析中人们用到的分析方法有成本效益分析法、因素分析法、最低成本法、挣得值法、综合评价法、功效分析法等。

11.1 方法比较

成本效益分析法是公共投资项目绩效评价中应用最为广泛的定量分析法，但不是任何公共投资项目都可用此种方法对其进行成本与效益的分析比较。成本效益分析法只适用于成本、效益可以用货币计量的公共投资项目。且是运用于事前投资决策的评价，即对公共投资项目可行性的评价。从内容上看，成本效益分析法主要用于公共投资项目的财务评价和国民经济评价。

挣得值法主要适用于公共投资项目的事前和事中评价，它通过对项目成果的统计，考察项目进度、资金使用是否匹配，是否与实施计划相一致。是一种有效的项目监控方法。该方法的最大特点就是操作简单、技术要求不高，易为人们学习和掌握。

层次分析法以其定量与定性相结合的方式处理各种决策因素的特性，以及其系统简洁、灵活的优点，在国民经济各个领域内，得到了迅速而广泛的应用。该方法主要适用于多层次、多方案、多指标的系统综合评价和决策，且主要用来确定评价指标的权重。该方法不足之处在于中间的计算过程比较烦琐，评价过程不够直观，需要事先对评价人员进行培训，评价人员在思想上的认可和对评价技巧的掌握，会有助于提高层次分析法的使用效果。

公共投资项目的多样性决定了评价方法的多样性。即需要针对不同性质的公共投资项目选择适当的评价方法进行评价。由于每一种评价方法有其自身的适用条件和局限性，没有一种评价方法是适合所有公共投资项目的，所以不能说哪一个评价方法是最好的和万能的。只要能够客观、科学地衡量公共投资项目绩效的评价方法就是可行的和好的。

11.2 选择难点

一是评价内容体系的多样性和复杂性决定了评价模型的多样性。同一评价对象，评价目的不一样，其要求的评价内容是不一样的，这就导致评价方法和评价模型是不一样的。如根据项目生命周期各阶段的不同特点将项目评价分为三部分内容，即项目前评价、项目中评价、项目后评价。由于这三个阶段项目管理内容和侧重点不同，其项目评价内容也不同。再如项目可行性评价、财务评价、社会效益评价、环境保护评价等各种评价，由于其评价性质和要求是不一样的，必然所选择的评价模型也不同。

二是评价对象的多样性决定了评价内容、评价方法的多样性。在现实的评价活动中，评价对象的性质不同，决定了评价内容和方法也是不尽相同。如水库投资项目、公路投资项目、教育投资项目、公共卫生投资项目等诸多项目，对其成本和效益的计量方式是有差异的，对环境的影响方式是不同，对社会经济发展的作用方式也是不同的，这就增加了绩效评价的难度和评价模型的选择。

三是原始评价信息的多寡一方面会直接影响评价模型计算结果的合理性和正确性，如样本数据过少，计算的结果就会失真，可信度大大降低；另一方面，如样本数据过多，会导致某些综合评价模型无法使用，建模就形同虚设了。

四是公共投资项目的社会效益和社会成本大小难以合理计量。社会效益和成本可能是有形的，也可能是无形的，对无形的效益和成本是不能用市场价格计量的，这就要求我们要选择相应的模型来间接计量。

五是同一评价对象和同一评价内容，可以用多种评价方法进行评价，但困难在于，如何判断哪一种方法能够较为客观地、科学地评价公共投资项目绩效，哪种评价模型对绩效具有较好的解释力。

11.3 选择依据

应从评价模型的科学性和经济性两方面来理性选择评价模型。即一个好的评价模型既能使评价结果符合客观、公正、准确的要求，又能够节约相应的人力、物力、财力和时间。当然，一开始不能对模型寄予过高的期望，但随着经验的积累和技术的完善，原始的概念模型最终也会发展成成熟的实用模型。

项目在其生命周期全过程中，为了更好地进行项目管理，针对项目生命周期每个阶段特点应用科学的评价理论和方法，用适当的评价尺度进行绩效评价。

不同阶段、不同目的，绩效评价的内容可多可少、可繁可简，没有一成不变的模式。选择评价模型应直观、简单、实用，去繁就简，易于操作，把复杂的问题尽量简单化。同时，建立一个实用的、结构良好的、以计算机技术为基础的评价模型是十分必要的，这有助于在评价过程中利用定量的、半定量的评价技术使评价方法逐步转向结构化或半结构化，尽量减少个人偏好等主观因素的影响。

项目管理是动态的管理，在对项目不同的阶段（如事前阶段、事中阶段和事后阶段）进行绩效评价时，由于评价的内容和目标发生了相应的变化，评价的侧重点也会发生变化，所以，应根据不同阶段的评价要求来调整评价指标及评价指标的权重，并建立相应的动态评价模型。

应遵循定量分析和定性分析相结合的原则。在现实的经济生活中，定量分析已成为一种分析问题、解决问题的主流工具，使用定量分析已成为一种主流趋势。但是，任何事物总有其两面性，定量分析也不例外，定量分析的使用要受制于使用者的数理知识水平和所收集数据的多寡。没有数据，定量分析就无用武之地。而且公共投资项目的绩效并不能完全通过定量指标来反映，还需要用定性指标。所以，不要一味地为量化而量化，为模型而模型，只要能用定性的方法就能把问题说清楚或有效地解决问题，就不一定非要用定量的方法。定性分析是定量分析的前提和基础，定量分析也就是定性分析的深化，在实际的应用过程中，应把握好两者之间的关系，坚持适当结合的原则。

价值取向决定着绩效评价模型的理性选择和使用目的，价值取向不同，选择的评价模型也有所侧重。如在效率优先为取向的前提条件下，公共投资项目绩效评价模型则较多地选择传统的成本效益分析法、公共投资项目对经济增长的影响模型、投资乘数效应模型、投入产出模型等。在和谐、可持续发展、公平、生态文明的取向下，绿色GDP的计量模型，把无形成本、效益内生化的成本效益分析法，DEA综合评价模型，模糊综合评价模型，灰色关联分析模型，层次分析法则被选择为公共投资项目绩效评价模型。

总之，相对于其他建设项目，公共投资项目对社会发展的影响面广、程度深。因此，选择科学、合理的评价方法或模型是正确有效开展绩效评价工作的前提和基础。

11.4 选择结果

天然林保护修复建设成效测量与评价的关键在于确定统计指标体系和权重。在经过定性分析列出评价指标体系后，需要根据每个指标在评价指标体系中的作用大小，确定其应有的权重，并对各指标赋值并加权求和。通常有关指标赋权的主要方法有：专家评价法、多元统计分析法、德尔菲法和层次分析法等，然而每一种都有其优缺点。专家评价法带有主观经验性和随机性。多元统计分析法能科学地计算出综合指标的权重，而不能给出单因子的权重。德尔菲法是专家会议法的一种发展。它以匿名方式通过几轮征询，征求专家们的意见，经过如此反复，专家的意见日趋一致，结论的可靠性也越来越大。层次分析法是把复杂的问题分解为各组成因素，将这些因素按支配关系分组以形成有序的递阶层次结构，通过两两比较判断的方式确定每一层次中因素的相对重要性，然后在递阶层次结构内进行合成，得到决策因素相对于目标的重要性的总顺序。

本研究汲取了这些监测与评价的理论和方法，结合天然林保护修复实践，在指标内容、分层以及权重设计等方面拟采取功效系数法。

第十二章

绩效评价指标与权重

建立科学、合理的评价指标体系关系到评价结果的正确性，是评价活动中非常重要的内容和基础工作。

12.1 指标体系构建

指标选择原则只是给出了指标取舍的基本标准，在具体筛选评价指标时既要注重已有的研究成果中的优良指标，同时，根据评价对象的结构、功能以及区域特性，提出反映其本质内涵的指标，最后要根据有关专家意见和测试性调查的结果，对评价指标体系进行必要的修正。基于这样的考虑，本研究筛选指标的方法主要有理论分析法、频度分析法、专家咨询法和测试性调查法，筛选出以下指标。

12.1.1 工程实施与政策执行情况

对于天然林保护修复建设情况，主要从5个方面设定评价指标。

一是木材生产。用"木材生产计划完成率"和"木材产量调减任务完成率"来反映天然林保护修复木材产量调减政策执行情况、森林资源消耗情况。该项指标将通过样本企业实际木材产量和计划木材产量对比进行评价。

二是公益林建设。人工造林、飞播造林和封山育林是公益林建设的三种方式。因此，本研究将通过评价人工造林、飞播造林和封山育林的建设成效，来汇总反映天然林保护修复公益林建设情况。对于人工造林，将通过"人工造林计划完成率""人工造林成活率""人工造林保存率"三项指标评价其建设成果。对于飞播造林，将通过"飞播造林保存率"和"飞播造林成效率"来评价。对于封山育林，将通过"封山育林计划完成率"和"封山育林成效率"来评价。

三是森林管护。"三分造，七分管"，这是造林学中对森林资源管护重要性的认识。为反映天然林保护修复森林资源管护情况，本研究设定的指标有"管护计划完成率""管护任务落实率""病虫鼠灾害防治率"。

四是中幼林抚育。为反映天然林保护修复中幼林抚育完成情况，本研究将设定"抚育任务完成率"和"森林抚育出材率"两项指标进行评价。

五是资金到位与使用。为反映天然林保护修复资金到位情况，本研究将设定"累计资金到位率"指标进行评价。另外，本研究将通过"到位资金投资完成率"来评价天然林保护修复资金投资完成情况。

12.1.2 生态效益

对于生态效益，主要从两个方面设定评价指标。

一是森林面积和质量变化。用"森林覆盖率变动率"反映森林资源增量变化；用"单位面积蓄积变动率"反映森林质量变化。

二是森林资源消耗变化。用"林区家庭烧柴变动率"和"森林火灾损失林木蓄积变动率"反映森林资源消耗情况。

12.1.3 社会效益

对于社会效益，主要从四个方面设定评价指标。

一是人口与就业。用"贫困人口变动率"反映天然林保护修复实施前后林区贫困人口变化；用"下岗待安置职工比重变动率"反映下岗待安置职工的就业状况变化；用"原林业职工外出务工人口变动率"反映原林业职工走出林区就业情况。

二是社会保障。用"基本养老保险覆盖率""四险覆盖率"分析林业职工参加基本养老保险和"四险"情况。

三是生活方式。用"以薪材为主要生活能源家庭比重"指标反映林区家庭生活能源利用变化情况。

四是社会稳定。用"林区违法犯罪案件减少率"指标反映林区违法犯罪案件发生情况。

12.1.4 经济效益

对于经济效益，主要从三个方面设定评价指标。

一是产业变化。用"企业总产值增长率""人均产值变动率"和"上缴利税变动率"三项指标反映重点国有森工企业产业发展情况。

二是企业负债变化。用"企业负债变动率"和"企业资产负债变动率"两项指标反映企业负债状况和变化情况。

三是工资变化。用"企业平均工资变动率"反映企业评价工资变化情况。

12.2 指标权重

评价指标权重的确定在综合评价中占有非常重要的位置，权重的大小对评估结果十分重要，它反映了各指标的相对重要性。由于天然林保护修复实施目标具有多元化特征，同时实施不同政策措施在政策目标也有差异，因此在同一评价指标体系中指标的权重必然有所区别。本报告采用层次分析法计算评价指标权重。

在计算天然林保护修复社会经济效益评价各指标权重时，依据层次分析法的步骤，根据专家意见，结合天然林保护修复实施方案，从目标层到指标层建立一、二、三级评价单元，然后按照顺序求出每一评价单元的中各指标权重。先在每一评价单元建立判断矩阵，然后求出最大特征根和特征向量，并进行一致性检验，最终计算确定天然林保护修复社会经济效益评价各因子的权重（表12-1）。

表12-1 天然林资源保护工程监测与评价指标体系

评价内容	评价指标	评价指标计算公式
A1.工程实施及政策执行情况 (25%)	**B1.木材生产 (20%)**	
	C01.木材生产计划完成率 (30%)	当年实际木材产量/当年计划木材产量×100%
	C02.木材产量调减任务完成率 (70%)	当年实际木材产量/工程实施前实际木材产量×100%
	B2.公益林建设和森林资源培育 (20%)	
	C03.人工造林计划完成率 (10%)	当年完成公益林面积/当年计划公益林面积×100%
	C04.人工造林成活率 (20%)	当年造林保存面积/当年人工造林面积×100%
	C05.人工造林保存率 (30%)	当年造林保存面积/人工造林面积×100%
	C06.封山育林计划完成率 (10%)	当年实际封山育林面积/当年计划封山育林面积×100%
	C07.封山育林成效率 (30%)	封山育林成效面积/封山育林面积×100%
	B3.森林管护 (20%)	
	C08.管护计划完成率 (30%)	当年计划管护森林面积/当年实际管护森林面积×100%
	C09.管护任务完成率 (40%)	当年实际人均管护森林面积/当年计划人均管护森林面积×100%
	C10.森林管护人员补助率 (30%)	当年森林管护人员补助/上年森林管护人员补助×100%
	B4.中幼林抚育 (20%)	
	C11.抚育任务完成率 (50%)	当年实际抚育面积/急需抚育面积×100%
	C12.森林抚育出材率 (50%)	当年森林抚育出材量/当年森林抚育消耗森林蓄积量×100%

(续)

评价内容		评价指标	评价指标计算公式
A1.工程实施及政策执行情况 (25%)	B5.资金到位与使用 (20%)	C13.资金到位率 (50%)	累计计划到位资金/累计实际到位资金×100%
		C14.到位资金投资完成率 (50%)	累计实际完成投资/累计实际到位资金×100%
A2.森林资源变化 (25%)	B6.森林面积和质量变化 (70%)	C15.森林覆盖率变动率 (50%)	(当年森林覆盖率/工程初期森林覆盖率−1×100%
		C16.森林蓄积量变动率 (50%)	(当年森林蓄积量/工程初期森林蓄积量−1×100%
	B7.森林资源消耗变化 (30%)	C17.森林采伐限额变动率 (50%)	(当年森林采伐限额/上年森林采伐限额−1) ×100%
		C18.采伐森林蓄积量变动率 (50%)	(当年采伐森林蓄积量/上年采伐森林蓄积量−1) ×100%
A3.社会效益 (25%)	B8.人口与就业 (30%)	C19.贫困人口变动 (30%)	当年贫困人口比重/上年贫困人口比重×100%−1
		C20.下岗待安置职工变动率 (40%)	(当年末下岗待安置职工比重/上年末下岗待安置职工比重−1) ×100%
		C21.在岗职工人数变动率 (30%)	当年在岗职工人数/上年在岗职工人数×100%−1
	B9.社会保障 (30%)	C22.职工参加基本养老保险率 (60%)	年末参加基本养老保险统筹职工人数 (年末在册职工人数+年末离退休职工人数) ×100%
		C23.职工参加基本医疗保险率 (40%)	年末参加基本医疗保险统筹职工人数 (年末在册职工人数+年末离退休职工人数) ×100%
	B10.生活方式 (10%)	C24.棚户区改造面积完成率 (100%)	当年完成棚户区改造面积/当年计划棚户区改造面积×100%
	B11.基础设施建设 (30%)	C25.新修林区公路里程完成率 (40%)	当年实际新修林区公路里程/计划新修林区公路里程×100%
		C26.改造林区公路里程完成率 (30%)	当年实际改造林区公路里程/计划改造林区公路里程×100%
		C27.新修防火应急道路里程完成率 (30%)	当年实际新修防火应急道路里程/计划新修防火应急道路里程×100%
A4.经济影响 (25%)	B12.产业 (50%)	C28.企业总产值增长率 (40%)	(当年企业总产值/上年企业总产值−1) ×100%
		C29.企业人均产值变动率 (30%)	(当年企业人均总产值/上年企业人均总产值−1) ×100%
		C30.林业企业数量变动率 (30%)	(当年林业企业数量/上年林业企业数量−1) ×100%
	B13.负债 (30%)	C31.企业负债总额变动率 (100%)	(当年企业负债总额/上年企业负债总额−1) ×100%
	B14.工资 (20%)	C32.企业平均工资变动率 (100%)	(当年企业在岗职工平均工资/上年企业在岗职工平均工资−1) ×100%

第十三章

监测样本

13.1 样本选择

本报告以2016年和2017年黄河流域天然林保护工程县和国有林业单位（国有林场、森工企业和自然保护区等）为样本，以样本点实施天然林保护修复情况来评价黄河流域国有林区天然林保护修复整体效益。采取分层随机抽样调查的方法，从实施天然林保护修复的黄河流域5个省（自治区）中，抽样选取了20个样本县和10个国有林业单位作为基本调查对象（表13-1）。

表13-1　黄河流域监测样本点

省（自治区）	县（区、旗）	国有林业单位
宁夏回族自治区	同心县	六盘山林业局 贺兰山林业局
内蒙古自治区	海勃湾区、磴口县、乌拉特后旗、 准格尔旗、杭锦旗、固阳县、凉城县	
山西省	吉县、灵石县、沁水县	管涔山国有林管理局 太岳山国有林管理局 中条山国有林管理局
陕西省	周至县、陇县、麟游县、旬邑县 宜川县、淳化县、宜君县、定边县	黄龙山林业局 太白林业局
甘肃省	夏河县	小陇山林业局 合水林业总场 兴隆山国家级自然保护区

13.2 数据来源

通过国家林业和草原局"林业重点工程社会经济效益监测数据上报系统"，获取了2016—2017年监测数据，主要包括样本企业基本情况指标、木材产量及森林资源管护指标、公益林建设指标、富余职工分流安置及养老保险指标、后续产业发展指标、资金使用及管理情况等339个指标，通过对指标打分、核算、汇总，最终评价工程社会经济效益。

13.3 样本概况

13.3.1 样本县概况

从林地面积看，2017年，天然林保护修复黄河流域5省（自治区）20个监测样本县，行政区土地面积合计为871.76万公顷，其中，天然林保护修复区土地面积为797.86万公顷，占比高达91.52%，林业用地面积为457.89万公顷，其中，有林地面积为112.69万公顷，占比24.61%。行政区森林覆盖率平均为31.68%，略高于全国平均水平。样本县经营区的森林蓄积量合计0.50亿立方米，每公顷森林蓄积量0.16立方米，比2016年高出0.1立方米/公顷。

从产业结构看，2017年，20个样本县的经济形势总体趋好，产业结构继续优化，经济发展质量略有提升。样本县林业总产值合计为131.86亿元（现价），其中，林业第一产业产值105.99亿元，占比最大，达80.38%，林业第二产业产值12.14亿元，林业第三产业产值13.73亿元，分别占比9.21%和10.41%。

从职工人数看，2017年，20个样本县的天然林保护修复实施单位人员数量共6044人，其中，森工企业（国有林场）年末在册职工人数为3397人，其中，在岗职工人数为3226人；在岗职工中，从事营造林768人、森林管护2060人、森林抚育116人、其他岗位583人，分别占在岗职工总数的21.74%、58.32%、3.28%和16.51%。

13.3.2 样本国有林业单位概况

从林地面积看，2017年，黄河流域5省（自治区）10个国有林业单位施业区总面积合计203.27万公顷，林业用地面积193.74万公顷，森林面积130.70万公顷，森林覆盖率67.46%。样本国有林业单位经营区的森林蓄积量0.63亿立方米，森林每公顷蓄积量为48.13立方米。

从产业结构看，2017年，样本国有林业单位经济形势总体趋好，产业结构进一步优化，经济发展质量略有提升。样本国有林业单位林业总产值合计为8.78亿元，其中，林业第一产业产值4.83亿元，占比超过林业总产值的50%；林业第二产业产值1.06亿元，仅占12.07%；林业第三产业产值4.06亿元，略低于第一产业。

从职工人数看，2017年，样本国有林业单位年末在岗职工人数合计10399人，其中，国有职工10110人，占比达97.22%，政社性人员1324人，下岗待安置职工0人，离开本单位仍保留劳动关系职工78人；在岗职工中，从事营造林870人、森林管护4426人、种植养殖16人、服务业（第三产业）123人、其他岗位4964人，分别占在岗职工总数的8.37%、42.56%、0.15%、1.18%和47.74%。

第十四章
样本区工程进展及社会经济发展状况

14.1 工程进展情况

14.1.1 资源状况

14.1.1.1 天然林和人工林

从森林起源来看，总体上，2017年，黄河流域5省（自治区）20个样本县经营区有林地面积合计108.49万公顷，其中，天然林面积65.20万公顷，人工林43.29万公顷，分别占60.10%和39.90%。经营区森林蓄积量合计0.47亿立方米，其中，天然林蓄积量0.36亿立方米，人工林蓄积量0.11亿立方米，分别占比76.60%和23.40%。所以，天然林每公顷蓄积量55.21立方米；人工林每公顷蓄积量25.41立方米。

从森林起源来看，2017年，10个国有林业单位（林业局）监测点经营区有林地面积合计130.69万公顷，其中，天然林101.67万公顷，人工林29.02万公顷，分别占77.79%和22.21%。经营区森林蓄积量合计0.80亿立方米，其中，天然林蓄积量0.68亿立方米，人工林蓄积量0.12亿立方米，分别占85%和15%。天然林每公顷蓄积量66.92立方米；人工林每公顷蓄积量41.91立方米（表14-1）。

表14-1　2017年样本县、国有林业单位经营区天然林和人工林状况

指标	森林起源	样本县	国有林业单位
森林面积 （万公顷）	天然林	65.20	101.67
	人工林	43.29	29.02
森林蓄积量 （亿立方米）	天然林	0.36	0.68
	人工林	0.11	0.12
单位面积蓄积量 （立方米/公顷）	天然林	55.21	66.92
	人工林	25.41	41.91

14.1.1.2 公益林和商品林

从森林功能来看，2017年，20个样本县经营区有公益林413.74万公顷，占比90.95%；商品林41.19万公顷，占比9.05%。公益林蓄积量0.72亿立方米；商品林蓄积量0.25亿立方米。公益林每公顷蓄积量17.40立方米；商品林每公顷蓄积量60.69立方米。

从森林功能来看，2017年，10个国有林业单位经营区有公益林137.18万公顷，占比99.08%；商品林1.28万公顷，占比0.92%。公益林蓄积量0.72亿立方米；商品林蓄积量0.05亿立方米。公益林每公顷蓄积量52.60立方米；商品林每公顷蓄积量41.08立方米（表14-2）。

表14-2　2017年样本县、国有林业单位经营区公益林和商品林状况

指标	主导功能	样本县	国有林业单位
森林面积 （万公顷）	公益林	413.74	137.18
	商品林	41.19	1.28
森林蓄积量 （亿立方米）	公益林	0.72	0.72
	商品林	0.25	0.05
单位面积蓄积量 （立方米/公顷）	公益林	17.40	52.60
	商品林	60.69	41.08

14.1.1.3 林龄结构

从林龄构成来看，2017年，20个样本县经营区有成过熟林25.41万公顷，占比23.25%；近熟林30.29万公顷，占比27.71%；中幼林53.61万公顷，占比49.04%。成过熟林蓄积量0.34亿立方米；近熟林蓄积量0.17亿立方米；中幼林0.16亿立方米。成过熟林每公顷蓄积量133.81立方米；近熟林每公顷蓄积量56.12立方米；中幼林每公顷蓄积量29.85立方米。从整体上看，样本企业经营区内林龄偏小，以中幼林为主，但是森林质量较好，比平均水平高，而且呈现不断改进的趋势。

从林龄构成来看，2017年，10个国有林业单位经营区有成过熟林12.63万公顷，占比9.73%；近熟林28.78万公顷，占比22.17%；中幼林88.41万公顷，占比68.10%。成过熟林蓄积量0.08亿立方米；近熟林蓄积量0.23亿立方米；中幼林0.49亿立方米。成过熟林每公顷蓄积量66.04立方米；近熟林每公顷蓄积量81.39立方米；中幼林每公顷蓄积量55.39立方米。从整体上看，10个国有林业单位经营区内林龄偏小，以中幼林为主，但是森林质量较好，比平均水平高，而且呈现不断改进的趋势（表14-3）。

表14-3　2017年样本县、国有林业单位经营区不同林龄森林资源状况

指标	林龄	样本县	国有林业单位
森林面积 （万公顷）	成过熟林	25.41	12.63
	近熟林	30.29	28.78
	中幼林	53.61	88.41
森林蓄积量 （亿立方米）	成过熟林	0.34	0.08
	近熟林	0.17	0.23
	中幼林	0.16	0.49
单位面积蓄积量 （立方米/公顷）	成过熟林	133.81	66.04
	近熟林	56.12	81.39
	中幼林	29.85	55.39

14.1.2　森林资源消耗

从森林采伐限额及采伐森林蓄积量来看，2017年，黄河流域国有林区20个样本县行政区域内森林采伐限额合计26.82万立方米。2017年，20个样本县行政区域内采伐森林蓄积量合计3.40万立方米，其中，人工林2.90万立方米，占比高达85.08%，天然林采伐蓄积量0.50万立方米，仅占14.92%。因停伐需转岗林业职工人数和停止天然林商业性采伐财政补助资金总额（应补额）均为0。

从实际木材产量和企业购买木材数量来看，2017年，黄河流域国有林区10个国有林业单位中有4个林区（贺兰山、六盘山及太白林业局，兴隆山国家级自然保护区）当年实际木材产量为0，其余6个样本区的木材产量合计5.53万立方米，其中，天然林木材产量3.08万立方米，占比55.59%；人工林木材产量2.46万立方米，占比44.41%。

14.1.3　森林资源管护

从管护面积来看，2017年，20个样本县规划管护面积369.19万公顷，实际管护森林面积419.92万公顷，比规划面积多出了50.73万公顷，完成量为规划量的113.74%。其中，国有林管护面积146.50万公顷，集体林管护面积273.42万公顷，分别占比34.89%和65.11%。

2017年，10个国有林业单位实际管护森林面积179.67万公顷，其中，管护站（队）管护（林业部门自己承担的管护）面积165.22万公顷，占比91.96%，家庭管护、托管管护等面积14.45万公顷，仅占8.04%。

从管护人员数量和管护人员补助来看，2017年，20个样本县管护人员数量合计49671人，其中，国有林管护人员为2677人，占比5.39%，包括林业职工2385人、农民及其他人员292人；集体林管护人员数量为46994人，占比94.61%，包括林业职工147人、农民及其他人员46847人。管护人员补助合计1.99亿元，补助对象主要为林业职工，其中，国有林管护人员补助合计1.24亿元，集体林管护人员补助合计0.75亿元，分别占比62.31%和37.69%。

从管护人员和管护站数量来看，2017年，10个国有林业单位管护人员数量合计4785人，其中，林业职工4485人，农民及其他人员300人，分别占比93.73%和6.27%。样本林业单位的管护站数量合计为403个。

14.1.4 中幼林抚育

从抚育面积看，2017年，20个样本县完成抚育面积1.30万公顷，占规划面积的109.24%，按照样本县经营区森林抚育消耗森林蓄积量1.43万立方米，抚育出材量占32.87%，属于中低强度抚育。

2017年，10个国有林业单位规划抚育面积3.82万公顷，当年完成抚育面积3.84万公顷，计划完成率100.42%，其中，抚育原木产量1.06万立方米，抚育薪材产量3.46万立方米，抚育竹材产量为0。

从抚育职工人数看，2017年，20个样本县从事抚育的职工有2761人，占在岗职工人数的85.59%。2017年森林抚育用工补助总额1728.93万元，其中，林业职工补助总额13.41亿元。

2017年，10个国有林业单位从事抚育的职工有12807人，其中，在岗职工2649人，农民32712人，其他2346人，说明从事抚育的职工以农民为主。2017年森林抚育投资完成资金6840.4万元，其中，人工费4979.88万元。

14.1.5 工程资金

2017年，20个样本县实施天然林保护修复计划到位资金5.02亿元，实际到位资金5.29亿元，资金到位率105.38%，2017年完成投资4.30亿元。从财政专项支出结构来看，以森林管护和森林生态补偿为主，两项合计占73.59%，公益林建设占7.32%，森林抚育补贴占4.03%左右，社会保险补助占12.51%，政社性支出补助占0.62%，国有林区（国有林场）改革剥离公益事业经费补助占0.05%，其他用途占1.88%。

2017年，10个国有林业单位实施天然林保护修复上年资金结余1.27亿元，实际到位资金8.41亿元，资金到位率超过100%，其中，因天然林停伐补助资金0.15亿元，2017年资金支出合计8.72亿元，其中基本建设支出1.67亿元，财政专项支出7.04亿元，其他用途87万元，占总支出比例分别为19.14%、80.76%和0.1%。可以发现资金支出以财政专项支出为主。从财政专项支出结构来看，以森林管护和其他支出为主，两项合计63.52%。

14.2　民生改善情况

14.2.1　职工就业

停伐对职工就业结构产生了重要的影响，2017年，20个样本县在岗职工中从事公益林建设的有768人，从事森林管护的有2060人，从事森林抚育的有116人，从事其他岗位的有583人。

2017年，10个国有林业单位在岗职工以从事森林管护和其他岗位为主，共占比90.3%，其中从事营造林建设的有870人，从事种植养殖的有16人，从事服务业（第三产业）的有123人，从事其他岗位的有4964人。

14.2.2　收入状况

2017年，20个样本县在岗职工年人均工资收入23854元。10个国有林业单位林业企业在岗职工工资总额5.74万元，年人均工资收入5.52万元。调查发现，许多企业将森林资源管护、林业产业发展与职工增收相结合，以资源增长、产业增效带动职工增收。

14.2.3　社会保障

2017年，20个样本县参加基本养老保险的人数2859人，占在册职工总数的84.16%；参加基本医疗保险的有3246人，占95.55%；参加失业保险的有1869人，占55.02%；工伤保险2463人，占72.51%；生育保险2069人，占60.91%。社会保险补助费占财政专项支出比例的12.51%，相对稳定。从社会保险补助支出结构来看，基本养老和基本医疗占总补助的83.07%；从参保人员比率结构来看，参加基本养老和基本医疗险的在册职工比例超过80%，这说明，样本县在社会保险制度基本上遵循广覆盖、保基本、多层次的特点，对促进林区社会和谐稳定具有非常重要的意义。

2017年，10个国有林业单位在册职工年末参加基本养老保险统筹人数10188人，实际参加基本医疗险职工人数10867人，其中，在岗职工占99.46%；实际参加失业险职工人数的有10190人，其中，在岗职工占100%；实际参加工伤险职工人数10292人，其中，在岗职工占100%；实际参加生育险职工人数10292人，其中，在岗职工占100%。社会保险补助费占财政专项支出比例的13.57%，相对稳定。从社会保险补助支出结构来看，基本养老和基本医疗占总补助的89.81%；从参保人员比率结构来看，参加基本养老、基本医疗险、失业险、工伤险和生育险的在册职工比例均超过90%，这说明国有林业单位在社会保险制度基本上遵循广覆盖、保基本、多层次的特点，对促进林区社会和谐稳定具有重要意义。

14.2.4 棚户区改造

2017年，20个样本县无危房（棚户区）改造项目。

2017年，10个国有林业单位危房（含棚户区）建筑面积23.51万平方米，危房（含棚户区）涉及职工家庭户数13.19万户，危房（含棚户区）已改造面积23.51万平方米，已搬入改造危房（含棚户区）的职工家庭户数3.13万户，占比23.73%，说明仍有超过一半的职工家庭没完成危房改造，当年已售改造房总成本3.63亿元，其中，职工家庭承担费用占72.89%，中央财政补贴占13.56%，省财政补贴占13.55%。

14.2.5 基础设施建设

随着天然林保护修复二期的逐步推进，样本县经营区内基础设施进一步改善，林区饮水难、行路难的问题得到一定程度缓解，供电难的问题基本上得到解决。2017年，20个样本县计划新修林区公路里程合计105.83千米，其中，完成新修林区公路里程0千米，年初计划改造林区公路里程68千米；当年改造完成林区公路里程68千米，与计划一致；新修、改造林区公路补助资金27.3万元，且全部来源于中央财政补助；年初已有防火应急道路里程1088.88千米；年初计划增加防火应急道路里程786.8千米且全部来自新修防火应急道路里程增加；2017年，修建防火应急通道补助资金5.36万元且全部来自中央财政补助资金的增加。

2017年，10个国有林业单位下属林场（所、经营单位）数合计148个；年末累计撤并的林场（所、经营单位）数8个；饮用水达标林场（所、经营单位）数117个；通电林场（所、经营单位）数148个；林区公路里程8081.88千米，其中，急需改造公路里程2382.7千米，占比29.48%。

14.3 经济发展情况

14.3.1 林业产值

长期以来国有林区的经济发展完全依靠木材生产，随着停伐政策的实施，木材产量下降、供给不足，导致第一、二产业产值明显下降。2017年，样本县行政区（县域）林业总产值131.86亿元（现价），其中，林业第一产业产值105.99亿元，林业第二产业产值

12.14亿元，林业第三产业产值13.73亿元。行政区（县域）林业第一、二、三产值分别占80.38%、9.21%和10.41%。样本县第一产业比重远超全国林业水平，林区产业转型升级已经走到了全国林业系统前面。

2017年，10个国有林业单位总产值9.96亿元，其中，第一产业产值4.84亿元，第二产业产值1.06亿元，第三产业产值4.06亿元，分别占总产值比例48.60%、10.64%和40.76%。这说明样本国有林业单位以第一和第三产业发展为主。

14.3.2 林下经济

停伐之后，工程区多渠道开发替代产业，从统计数据分析，林下经济的发展取得的效果最明显。2017年，样本县林下经济产值127.32亿元，林下经济产值占企业总产值的96.56%。从经营项目来看，占林下经济总产值比重较大的项目是林木育种和育苗、造林和更新和经济林产品的种植与采集，分别占7.91%、8.59%和65.24%。截至2017年年底，样本县从业人员数量2.57万人，其中林业职工0.35万人。从业林业职工占在册职工人数的13.62%。

按行业内容划分，2017年，10个国有林业单位总产值以林下经济（林下种养殖、产品加工、森林旅游）和其他为主，分别占总产值的25.67%和58.60%。木材采运占总产值的1.17%，木材加工为0，经济林产品占总产值的1.24%。

第十五章

监测结果

15.1 工程实施及政策执行情况评价

15.1.1 样本县结果

根据功效系数法打分结果，样本县工程实施及政策执行情况得分86.63分，处于良好水平，说明样本县能够较好地实施天然林保护修复并执行相关政策。其中，资金到位与使用两项指标得分为90分以上，评价为"优秀"，说明天然林保护修复资金到位情况和使用情况较好；木材生产、公益林建设、森林管护和中幼林抚育得分均在80分以上，评价为"良好"，说明天然林保护修复实施单位能够较好地按照工程实施规划进行木材生产；天然林保护修复实施单位可以较好完成公益林建设、森林管护和中幼林抚育（表15-1）。

从公益林建设情况来看，样本县公益林建设指标得分87.71分，评价为"良好"，说明天然林保护修复实施单位能够在一定程度上完成天然林保护修复对于公益林建设的要求。其中，人工造林计划完成率、人工造林成活率、人工造林保存率和封山育林计划完成率得分均在90分以上，评价为"优秀"。说明样本县能积极完成公益林建设任务，又比较注重公益林建设成果巩固。封山育林成效率得分为74.53分，评价为"合格"，说明封山育林成效不是很明显。

从森林资源管护情况来看，样本县森林资源管护指标得分为81.03分，指标评价为"良好"，说明样本县能够较好完成森林资源管护目标。其中，森林资源管护计划完成率指标得分为95.17分，评价为"优秀"。这说明样本企业基本能够落实天然林保护修复森林资源管护计划。调查结果显示，样本企业不但有林地、疏林地和未成林林地纳入管护范围，而且对其他类型的林地也采取了类似的管护措施。森林资源管护任务完成率指标得分为67.65分，评价为"合格"。管护人员补助率得分为84.74分，评价为"良好"。

从中幼林抚育来看，样本县中幼林抚育指标得分为84.92分，指标评价为"良好"。其中，抚育任务完成率指标得分为96.81分，指标评价为"优秀"，说明中幼林抚育任务完成较好。森林抚育出材率得分为73.02分，指标评价为"合格"，说明森林抚育出材率处于一般水平。

从资金到位与使用情况来看，样本县工程资金到位与使用指标得分为94.57分，指标评价为"优秀"。这说明，天然林保护修复整体资金到位与使用情况比较好，这对于保障工程顺利推进具有非常重要的意义。其中，资金到位率指标得分为96.63分，指标评价为"优秀"；到位资金投资完成率指标得分为92.51分，指标评价为"优秀"。这说明，样本县能够及时把到位的工程资金及时投资于工程基本建设和财政专项支出中。

表15-1 样本县工程政策执行各项指标得分

指标	得分	变量	得分	评价
B1.木材生产	84.91	C01.木材生产计划完成率	98.10	优秀
		C02.木材产量调减任务完成率	79.25	合格
B2.公益林建设	87.71	C03.人工造林计划完成率	93.15	优秀
		C04.人工造林成活率	91.40	优秀
		C05.人工造林保存率	93.15	优秀
		C06.封山育林计划完成率	98.10	优秀
		C07.封山育林成效率	74.53	合格
B3.森林管护	81.03	C08.管护计划完成率	95.17	优秀
		C09.管护任务完成率	67.65	合格
		C10.管护人员补助率	84.74	良好
B4.中幼林抚育	84.92	C11.抚育任务完成率	96.81	优秀
		C12.森林抚育出材率	73.02	合格
B5.资金到位与使用	94.57	C13.资金到位率	96.63	优秀
		C14.到位资金投资完成率	92.51	优秀

15.1.2 样本国有林业单位结果

根据功效系数法打分结果，10个国有林业单位工程实施及政策执行情况得分82.31分，处于良好水平，说明样本国有林业单位能够较好地实施天然林保护修复并执行相关政策。其中，森林管护和资金到位与使用两项指标得分90分以上，评价为"优秀"，说明天然林保护修复森林管护和资金到位情况和使用情况较好；公益林建设指标得分83.30分，评价为"良好"；木材生产和中幼林抚育得分在60~80分，评价为"良好"，说明天然林保护修复实施单位可以较好完成公益林建设（表15-2）。

从公益林建设情况来看，10个国有林业单位公益林建设指标得分83.30分，评价为"良好"，说明天然林保护修复实施单位能够较好完成天然林保护修复对于公益林建设的要求。其中，人工造林计划完成率、人工造林保存率和封山育林计划完成率得分均在90分以上，评价为"优秀"。说明样本国有林业单位能积极完成公益林建设任务。人工造林成活率指标得分89.62分，评价为"良好"。封山育林成效率指标得分62.47分，评价为"合格"，说明封山育林成效不是很明显。

从森林资源管护情况来看，10个国有林业单位森林资源管护指标得分92.23分，指标评价为"优秀"，说明样本县能够较好完成森林资源管护目标。其中，森林资源管护计划完成率和管护任务完成率指标得分均在90分以上，评价为"优秀"。这说明样本企业基本能够落实天然林保护修复森林资源管护计划。有害生物防治率指标得分78.56分，评价为"合格"。

从中幼林抚育来看，10个国有林业单位中幼林抚育指标得分64.65分，指标评价为"合格"。其中，抚育任务完成率指标得分68.29分，指标评价为"合格"，说明中幼林抚育任务完成效果一般。森林抚育出材率得分60分，指标评价为"合格"，说明森林抚育出材率处于一般水平。

从资金到位与使用情况来看，10个国有林业单位工程资金到位与使用指标得分97.07分，指标评价为"优秀"。这说明，天然林保护修复整体资金到位与使用情况比较好，这对于保障工程顺利推进具有非常重要的意义。其中，资金到位率指标得分98.10分，指标评价为"优秀"。到位资金投资完成率指标得分为96.04分，指标评价为"优秀"。这说明样本国有林业单位能够及时把到位的工程资金及时投资于工程基本建设和财政专项支出中。

表15-2　国有林业单位工程政策执行各项指标得分

指标	得分	变量	得分	评价
B1.木材生产	74.32	C01.木材生产计划完成率	98.10	优秀
		C02.木材产量调减任务完成率	64.13	合格
		C03.人工造林计划完成率	98.10	优秀
		C04.人工造林成活率	89.62	良好
B2.公益林建设	83.30	C05.人工造林保存率	90.06	优秀
		C06.封山育林计划完成率	98.10	优秀
		C07.封山育林成效率	62.47	合格
		C08.管护计划完成率	98.10	优秀
B3.森林管护	92.23	C09.管护任务完成率	98.09	优秀
		C10.有害生物防治率	78.56	合格

（续）

指标	得分	变量	得分	评价
B4.中幼林抚育	64.65	C11.抚育任务完成率	69.29	合格
		C12.森林抚育出材率	60.00	合格
B5.资金到位与使用	97.07	C13.资金到位率	98.10	优秀
		C14.到位资金投资完成率	96.04	优秀

15.2 森林资源变化评价

15.2.1 样本县结果

根据功效系数法打分结果，样本县通过实施天然林保护修复，其森林资源变化得分74.86分，评价为"合格"。其中，森林面积和质量变化指标得分76.82分，评价为"合格"；森林资源消耗变化得分70.27分，评价为"合格"，这说明，通过实施天然林保护修复，国有林区森林资源实现了面积和蓄积的双增长，森林资源消耗下降，森林资源质量得到提高。监测结果显示，随着天然林保护修复实施，国有林区森林采伐利用率和木材综合利用率都有所提高（表15-3）。

从森林面积和质量变化来看，样本县森林覆盖率变动率指标得分72.68分，指标评价为"合格"。森林蓄积量变动率指标得分80.96分，指标评价为"良好"。说明在天然林保护修复期间，黄河流域国有林区能够较好地进行绿化造林，森林面积和森林质量得到稳步提升，而且前些年较为普遍的违规采伐问题得到较大解决。

从森林资源消耗变化来看，样本县森林采伐限额变动率指标得分71.45分，指标评价为"合格"。采伐森林蓄积量变动率指标得分69.08分，指标评价为"合格"。说明在天然林保护修复期间，黄河流域国有林区能够较好地进行绿化造林，森林面积和森林质量得到稳步提升，而且前些年较为普遍的违规采伐问题得到较大解决。

表15-3 样本县森林资源变化各项指标得分

指标	得分	变量	得分	评价
B6.森林面积和质量变化	76.82	C15.森林覆盖率变动率	72.68	合格
		C16.森林蓄积量变动率	80.96	良好
B7.森林资源消耗变化	70.27	C17.森林采伐限额变动率	71.45	合格
		C18.采伐森林蓄积量变动率	69.08	合格

15.2.2 样本国有林业单位结果

根据功效系数法打分结果，10个国有林业单位通过实施天然林保护修复，其森林资源变化得分80.66分，评价为"良好"。其中，森林面积和质量变化指标得分85.54分，评价为"良好"；森林资源消耗变化指标得分69.28分，评价为"合格"。这说明，通过实施天然林保护修复，国有林区森林资源实现了面积和蓄积的双增长，森林资源消耗下降，森林资源质量得到提高（表15-4）。

从森林面积和质量变化来看，10个国有林业单位森林覆盖率变动率指标得分86.98分，指标评价为"良好"。单位面积森林蓄积变动率指标得分84.09分，指标评价为"良好"。说明在天然林保护修复期间，样本国有林业单位能够较好地进行绿化造林，森林面积和森林质量得到稳步提升。

从森林资源消耗情况来看，10个国有林业单位森林有害生物发生面积变动率指标得分78.56分，指标评价为"合格"。森林火灾损失林木蓄积变动率指标得分60分，指标评价为"合格"。这说明，天然林保护修复实施对降低森林资源消耗有积极的促进作用，特别是在森林火灾防范方面得到极大提高。

表15-4　国有林业单位森林资源变化各项指标得分

指标	得分	变量	得分	评价
B6.森林面积和质量变化	85.54	C15.森林覆盖率变动率	86.98	良好
		C16.单位面积森林蓄积变动率	84.09	良好
B7.森林资源消耗变化	69.28	C17.森林有害生物发生面积变动率	78.56	合格
		C18.森林火灾损失林木蓄积变动率	60.00	合格

15.3　社会效益评价

15.3.1 样本县结果

根据功效系数法打分结果，样本县通过实施天然林保护修复，其社会效益得分83.08分，评价为"良好"。其中，人口与就业指标得分84.83分，指标评价为"良好"；社会保障指标得分88.11分，评价为"良好"；生活方式指标得分60分，指标评价为"合格"；基础设施建设指标得分84分，指标评价为"良好"。这说明，天然林保护修复实施对国有林区建立社会保障体系、优化生活方式、稳定林区社会稳定具有重要的作用，对于推动生活方式转变的作用还需要进一步加强。当然，任何政策实施效果的显现需要一个过程和一定的时间（表15-5）。

从人口与就业指标来看，样本县贫困人口变动率和在岗职工人数变动率指标得分均90分以上，指标评价为"优秀"；下岗待安置职工变动率指标得分65.40分，指标评价为"合格"。这说明，天然林保护修复实施在一定程度上推动了下岗待安置职工文体，但是作用不是很大。

从社会保障指标来看，样本县职工参加基本养老保险率指标得分83.25分，指标评价为"良好"；职工参加基本医疗保险率指标得分95.40分，指标评价为"优秀"，说明样本企业社会保障情况较好。

从生活方式指标来看，棚户区改造面积完成率指标得分60分，指标评价为"合格"，说明棚户区改造仍需加快进度。

从基础设施建设指标来看，改造林区公路里程完成率和新修防火应急道路里程完成率指标得分均为满分，说明林区公路改造进度较好。新修林区公路里程完成率指标得分60分，指标评价为"合格"，说明新修林区公路完成进度一般。

表15-5　样本县社会发展各项指标得分

指标	得分	变量	得分	评价
B8.人口与就业	84.83	C19.贫困人口变动率	98.98	优秀
		C20.下岗待安置职工变动率	65.40	合格
		C21.在岗职工人数变动率	96.58	优秀
B9.社会保障	88.11	C22.职工参加基本养老保险率	83.25	良好
		C23.职工参加基本医疗保险率	95.40	优秀
B10.生活方式	60.00	C24.棚户区改造面积完成率	60.00	合格
B11.基础设施建设	84.00	C25.新修林区公路里程完成率	60.00	合格
		C26.改造林区公路里程完成率	100.00	优秀
		C27.新修防火应急道路里程完成率	100.00	优秀

15.3.2 样本国有林业单位结果

根据功效系数法打分结果，10个国有林业单位通过实施天然林保护修复，其社会效益得分74.43分，评价为"合格"。其中，人口与就业指标得分62.74分，指标评价为"合格"；社会保障指标得分85.51分，指标评价为"良好"；生活方式指标得分75.38分，指标评价为"合格"；社会稳定指标得分74.73分，指标评价为"合格"。这说明，天然林保护修复实施对国有林业单位建立社会保障体系、优化生活方式、稳定林区社会稳定具有重要的作用，对于人口与就业的作用还需要进一步加强（表15-6）。

从人口与就业指标来看，10个国有林业单位年末在岗职工人数变动率指标得分64.22分，指标评价为"合格"，这说明对于样本国有林业单位天然林保护修复实施能够在一定程度上消除贫困人口，但是这种作用比较弱。下岗待安置职工变动率指标得分60分，指标评价为"合格"。这说明，天然林保护修复实施在一定程度上推动了下岗待安置职工问题，但是作用不是很大，天然林保护修复后期政策调整要考虑进一步加大富余职工安置力度，从根本上解决富余职工就业问题、贫困问题、解决企业冗员负担，减轻人口对森林资源压力。原林业职工外出务工人口变动率指标得分64.90分，指标评价为"合格"。随着社会保障体系的建立，一部分林业职工解除后顾之忧，开始外出务工，这有助于解决劳动力闲置问题，增加了职工收入，同时也有利于减少林区人口规模，但是这种作用较小，可以进一步推动富余职工外出务工。

从社会保障指标来看，10个国有林业单位职工参加基本养老保险率指标得分85.51分，指标评价为"良好"；职工参加失业险率指标得分85.51分，指标评价为"良好"，说明样本企业社会保障情况较好。

从林区生活方式情况来看，10个国有林业单位发展林下种植的职工家庭户数变化率指标得分75.38分，评价为"合格"，这说明天然林保护修复实施能够在一定程度上改变林区家庭发展林下种植作为主要生活能源。

从林区社会稳定情况来看，林区违法犯罪案件减少率指标得分71.45分，评价为"合格"；林区违法犯罪案件查处率指标得分76.91分，评价为"合格"；林区违法犯罪案件结案率指标得分76.91分，评价为"合格"。从近五年的统计来看，林区违法犯罪案件数量逐年减少，尤其在天然林停伐和企业转型的大背景下，林区的治安状况不但没有恶化，而且还在好转。

表15-6 国有林业单位社会发展各项指标得分

指标	得分	变量	得分	评价
B8.人口与就业	62.74	C19.年末在岗职工人数变动率	64.22	合格
		C20.下岗待安置职工变动率	60.00	合格
		C21.原林业职工外出务工人口变动率	64.90	合格
B9.社会保障	85.51	C22.职工参加基本养老保险率	85.51	良好
		C23.职工参加失业险率	85.51	良好
B10.生活方式	75.38	C24.发展林下种植的职工家庭户数变化率	75.38	合格

指标	得分	变量	得分	评价
		C25.林区违法犯罪案件减少率	71.45	合格
B11.社会稳定	74.73	C26.林区违法犯罪案件查处率	76.91	合格
		C27.林区违法犯罪案件结案率	76.91	合格

15.4 经济效益评价

15.4.1 样本县结果

根据功效系数法打分结果，样本县通过实施天然林保护修复，其经济发展变化得分69.68分，评价为"合格"。其中，产值得分67.90分，指标评价为"合格"；负债得分68.35分，指标评价为"合格"；工资得分76.13分，指标评价为"合格"。这说明，天然林保护修复实施对于样本县产值增长、企业负债减轻和职工收入增加起到了一定的促进作用，对于改善国有林区经济状况具有重要的现实意义（表15-7）。

从产业情况来看，企业总产值增长率指标得分64.08分，指标评价为"合格"；人均产值变动率指标得分79.03分，指标评价为"合格"。这说明，样本企业经济总量的增长能引起经济发展水平的提高，提高林区经济发展水平。

从负债情况来看，企业负债总额变动率指标得分68.35分，指标评价为"合格"。这说明，当年企业负债总额变化不大。

从工资情况来看，企业平均工资变动率指标得分76.13分，指标评价为"合格"。这说明，天然林保护修复实施后，样本企业职工平均工资有所增长。

表15-7 样本县经济发展各项指标得分

指标	得分	变量	得分	评价
		C28.企业总产值增长率	64.08	合格
B12.产业	67.90	C29.企业人均产值变动率	79.03	合格
		C30.林业企业数量变动率	61.86	合格
B13.负债	68.35	C31.企业负债总额变动率	68.35	合格
B14.工资	76.13	C32.企业平均工资变动率	76.13	合格

15.4.2 样本国有林业单位结果

根据功效系数法打分结果，10个国有林业单位通过实施天然林保护修复，其经济发展变化得分73.45分，评价为"合格"。其中，产值得分73.04分，指标评价为"合格"；企业负债得分72.62分，指标评价为"合格"；工资得分75.74分，指标评价为"合格"。这说明，天然林保护修复实施对于样本国有林业单位产值增长、职工收入增加、企业负债减轻起到了一定的促进作用，对于改善国有林区经济状况具有重要的现实意义（表15-8）。

从产业情况来看，10个国有林业单位总产值增长率指标得分69.56分，指标评价为"合格"；人均产值变动率指标得分65.08分，指标评价为"合格"；企业上缴利税变动率指标得分85.63分，评价为"良好"。这说明，样本企业经济总量的增长能引起经济发展水平的提高，提高林区经济发展水平。

从负债情况来看，10个国有林业单位负债总额变动率指标得分72.62分，指标评价为"合格"。这说明，天然林保护修复政策对于样本企业减轻债务负担起到了一定的作用。

从工资情况来看，10个国有林业单位平均工资变动率指标得分75.74分，指标评价为"合格"。这说明，天然林保护修复实施后，样本国有林业单位职工平均工资有所增长。但是，当前企业职工平均工资仍然处于较低的水平。

表15-8　国有林业单位经济发展各项指标得分

指标	得分	变量	得分	评价
B12.产业	73.04	C28.企业总产值增长率	69.56	合格
		C29.企业人均产值变动率	65.08	合格
		C30.企业上缴利税变动率	85.63	良好
B13.负债	72.62	C31.企业负债总额变动率	72.62	合格
B14.工资	75.74	C32.企业平均工资变动率	75.74	合格

15.5 综合评价

采用功效系数法，根据指标赋权、赋值，逐层汇总的原则和方法，就可以对天然林保护修复建设成效打分，并给予总评价。样本县天然林保护修复建设成效打分结果78.56分，建设成效总体评价为"合格"。其中，工程实施及政策执行情况得分86.63分，社会效益得分83.08分，均评价为"良好"；森林资源变化得分74.86分，经济效益得分69.68分，均评价为"合格"（表15-9）。

表15-9　样本县社会经济效益评价综合得分

指标	工程实施及政策执行	森林资源变化	社会效益	经济效益	综合得分
分数	86.63	74.86	83.08	69.68	78.56
评价	良好	合格	良好	合格	合格

10个国有林业单位天然林保护修复建设成效打分结果77.71分，建设成效总体评价为"合格"。其中，工程实施及政策执行情况得分82.31分，森林资源变化得分80.66分，均评价"良好"；社会效益得分74.43分，经济效益得分73.45分，均评价为"合格"（表15-10）。

表15-10　国有林业单位社会经济效益评价综合得分

指标	工程实施及政策执行	森林资源变化	社会效益	经济效益	综合得分
分数	82.31	80.66	74.43	73.45	77.71
评价	良好	良好	合格	合格	合格

评价结果表明：

第一，天然林保护修复建设顺利，各项政策执行比较到位。这说明，天然林保护修复实施单位整体上能认真贯彻工程各项政策，能认真完成工程建设任务。

第二，天然林保护修复建设整体上取得了良好的成效。工程实施区森林资源得到了恢复性增长，森林蓄积基本达到工程实施前的水平。县域和林区经济实现了平稳增长。林区社会保障性资金增加，贫困人口减少。

第三，天然林保护修复建设还有改进的空间。天然林保护修复建设后期政策调整要重点关注森林资源管护、中幼林抚育、消除贫困人口、安置富余职工等问题。

第十六章
政策建议

16.1 优化森林管护人员结构，保证资金投入

森林管护作为保护森林的重要措施之一，需要长期稳定的管护机制并建立起专业的管护团队。

一是要优化管护人员任务分配，在现有管护人员的基础上，组建专业团队，丰富并完善管护模式。对于不同林种、起源、林龄的森林，要采取相应的、科学的管护措施，根据各地区的实际情况科学测算资金投入，合理安排管护任务。细化管护任务，合理分配资金，编制资金使用分配计划。强化核查工作，建立起管护成果自查及审查程序，充实审查人员队伍，强化管护业务培训。建立奖惩机制，调动管护人员积极性，提升管护效率与管护质量。

二是要解决管护人员收入问题，提高管护人员补助。这依赖于建立稳定的资金投入与循环机制，各级财政可以按照相应比例进行资金注入，稳步提升管护人员收入。在国家政策的支持下，增加管护人员身份编制。发展地方特色林业产业，增加管护人员及其他林业职工获得收入的渠道，有利于生态保护成果的维持与社会的稳定。

三是要创新管护模式，提升管护效率。根据实际情况，合理分配管护人员，可以开展专业管护队培训。通过购买服务等形式扩大管护队伍，动员社区力量，增强管护能力。

16.2 借助精准扶贫创造就业条件，加快天保地区脱贫步伐

一是要政府主导，政策先行，借助"精准扶贫"政策扩大就业空间。认真贯彻习近平总书记"让有劳动能力的贫困人员实现生态就业"的重要讲话精神，各级政府要对各地区的生产要素进行精准考察及合理配置，科学编制规划方案，以创造更多就业空间为目的，有针对性的提出建议并推行相关政策予以扶持。大力宣传地区产业优势，合理利用生态资源，招商引资，创造就业条件，配合地方政府的资金投入，提出优惠政策，鼓励产业转

型。这样可以合理利用各地区资源，扩大就业，加快解决林业职工收入较低、农民及其他人员就业困难等问题。

二是要科学化分配资源，创新产业机制，加速脱贫进程。对于林业产业机制要进行调整。在注重商品林产业发展的同时也要加强生态公益林及其产品的生产与推广。对林业骨干进行培训，加强业务素质，逐级分层管理，向贫困地区推广。加强信息化建设，推行有利于脱贫的政策，增加信息交流渠道，让广大贫困人口找到适合自身条件的就业机会。选择典型脱贫案例，结合实际情况予以推广。

三是要加强产业间互动，创造就业岗位。建议各地区以林业第一产业为基础，寻找产业间关联，带动其他产业发展。在维持地区生态资源稳定的前提下，探索产业间的互动。天然林保护不意味着完全放弃资源的利用，要合理规划资源利用方案，调整产业结构，发挥资源优势。如经济林产业可以带动非木质产品加工业，花卉及其他观赏植物种植及造林产业可以向林业旅游服务产业转型，创造就业岗位，安置富余人员。当然，这要以中央和地方各级政府的政策支持为前提，科学化配置为基础，分地区、分批次进行。

16.3 提高林业职工社会保障力度

为了减轻职工缴纳社会保险带来的压力，建议中央财政提高天然林保护修复中森工企业职工的社会补助标准。一是根据历年的社会平均工资和林业职工工资增长动态，有针对性的调整缴费基数。二是可将现有的缴费比例适当提高，针对特定贫困对象及群体，可提高补助标准。根据实地调查分析，制定可调控补助政策，根据对象经济收入程度调整补助力度。天然林保护修复区职工社会保障力度不足是历史遗留问题，想要彻底解决这个问题需要一个长期的过程，由中央政府提高补助标准，各级政府配合完善优惠政策，调动员工积极性，推进天然林保护修复顺利实施。

参考文献

上　篇

柴元方, 李义天, 李思璇, 等, 2017. 2000年以来黄河流域干支流水沙变化趋势及其成因分析[J]. 水电能源科学, 35(04): 106-110.

陈国阶, 何锦峰, 涂建军, 2005. 长江上游生态服务功能区域差异研究[J]. 山地学报, 23(4): 406-412.

陈卫宾, 曹廷立, 李保国, 等, 2016. 人民治理黄河70年防洪保护区防洪效益分析[J].人民黄河, 38(12): 11-14.

丛日征, 王兵, 谷建才, 等, 2017. 宁夏贺兰山国家级自然保护区森林生态系统服务价值评估[J]. 干旱区资源与环境, 31(11): 136-140.

丛日征, 王兵, 牛香, 等, 2017.陕西省森林生态系统净化大气环境功能价值评估[J]. 西北林学院学报, 32(5): 74-82.

丁增发, 2005. 安徽肖坑森林植物群落与生物量及生产力研究[D]. 合肥: 安徽农业大学.

甘肃省统计局, 2014. 甘肃西统计年鉴(2014)[M]. 北京: 中国统计出版社.

葛东媛, 2011. 重庆四面山森林植物群落水土保持功能研究[D]. 北京: 北京林业大学.

国家林业局, 2016. 天然林资源保护工程东北、内蒙古重点国有林区效益监测国家报告(2015)[M]. 北京: 中国林业出版社.

国家林业局, 2000—2014. 中国林业统计年鉴(1999—2013)[M]. 北京: 中国林业出版社.

国家林业局 "中国森林生态系统服务功能评估项目组", 2018. 中国森林资源及其生态功能四十年监测与评估[M]. 北京: 中国林业出版社

国家统计局, 2014. 中国统计年鉴(2014)[M]. 北京: 中国统计出版社.

河南省统计局, 2014. 河南统计年鉴(2014)[M]. 北京: 中国统计出版社.

黄龙生, 王兵, 牛香, 等, 2017. 东北和内蒙古重点国有林区天然林保护工程生态效益分析[J]. 中国水土保持科学, 15(1): 89-96.

黄龙生, 王兵, 牛香, 等, 2017. 天然林保护修复对东北和内蒙古重点国有林区保育土壤生态效益的影响[J]. 中国水土保持科学, 15(5): 67-77.

贾松伟, 2018. 黄河流域森林植被碳储量分布特征及动态变化[J]. 水土保持研究, 25(05): 78-82, 88.

贾忠奎, 马履一, 徐程扬, 等, 2001. 北京市森林资源动态及可持续经营对策[J]. 干旱区资源与环境, 2: 30-36.

李丽君, 2013. 天鹅湖高寒湿地生态系统土壤碳库及其稳定性研究[D]. 乌鲁木齐: 新疆农业大学.

李杨, 2012. 长白山自然保护区旅游产业可持续发展研究[D]. 长春: 吉林大学.

刘博杰, 逯非, 王效科, 等, 2016. 中国天然林资源保护工程温室气体排放及净固碳能力[J].生态学报, 36(14): 4266-4278.

刘楠, 2011. 缙云山典型林分对径流水质的作用及评价研究[D]. 北京: 北京林业大学.

刘扬晶, 曹明蕊, 熊嘉武, 等, 2016. 天然林保护工程政策对国家级自然保护区的影响评估[J]. 中南林业调查规划, 35(02): 4-9+35.

吕锡芝, 2013. 北京山区森林植被坡面水文过程的影响研究[D]. 北京: 北京林业大学: 84.

吕振豫, 穆建新, 2017. 黄河流域水质污染时空演变特征研究[J]. 人民黄河, 39(04): 66-70, 77.

内蒙古自治区统计局, 2014. 内蒙古统计年鉴(2014)[M]. 北京: 中国统计出版社.

宁夏回族自治区统计局, 2014. 宁夏统计年鉴(2014)[M]. 北京: 中国统计出版社.

青海省统计局, 2014. 青海统计年鉴(2014)[M]. 北京: 中国统计出版社.

山西省统计局, 2014. 山西统计年鉴(2014)[M]. 北京: 中国统计出版社.

陕西省统计局, 2014. 陕西统计年鉴(2014)[M]. 北京: 中国统计出版社.

淑敏, 2012. 基于森林作用的流域降雨径流模型研究[D]. 泰安: 山东农业大学.

宋红霞, 胡笑妍, 2016. 人民治理黄河70年城镇供水效益分析[J]. 人民黄河, 38(12): 28-30.

宋庆丰, 王雪松, 牛香, 等, 2015. 基于生物量的森林生态系统服务修正系数的应用[J]. 中国水土保持科学, 13(3): 111-116.

苏志尧, 1999. 植物特有现象的量化[J]. 华南农业大学学报, 20(1): 92-96.

唐小燕, 2012. 钱江源典型森林类型地表径流和土壤侵蚀特征研究[D]. 杭州: 浙江农林大学.

汪松, 解焱, 2004. 中国物种红色名录(第1卷: 红色名录)[M]. 北京: 高等教育出版社.

王兵, 党景中, 王华清, 等, 2017. 陕西省森林与湿地生态系统治污减霾功能研究[M]. 北京: 中国林业出版社.

王兵, 李少宁, 郭浩, 2007. 江西省森林生态系统服务功能及其价值评估研究[J]. 江西科学, 25(5): 552-559.

王兵, 鲁少波, 白秀兰, 等, 2011a. 江西省广丰县森林生态系统健康状况研究[J]. 江西农业大学学报, 33(3): 521-528.

王兵, 鲁绍伟, 尤文忠, 等, 2010. 辽宁省森林生态系统服务价值评估[J]. 应用生态学报, 21(7): 1792-1798.

王兵, 鲁绍伟, 2009. 中国经济林生态系统服务价值评估[J]. 应用生态学报, 20(2): 417-425.

王兵, 牛香, 胡天华, 等, 2017. 宁夏贺兰山国家级自然保护区森林生态系统服务功能[M]. 北京: 中国林业出版社.

王兵, 魏江生, 胡文, 2009. 贵州省黔东南州森林生态系统服务功能评估[J]. 贵州大学学报: 自然科学版, 26(5): 42-47, 52.

王兵, 魏江生, 胡文, 2011. 中国灌木林-经济林-竹林的生态系统服务功能评估[J]. 生态学报, 31(7): 1936-1945.

王兵, 张维康, 牛香, 等, 2015. 北京10个常绿树种颗粒物吸附能力研究[J]. 环境科学, 36(2): 408-414.

王慧, 王兵, 牛香, 等, 2017. 长白山森工集团天然林保护修复生态效益动态变化[J]. 中国水土保持科学, 15(5): 86-93.

王猛飞, 高传昌, 张晋华, 等. 2016. 黄河流域水资源与经济发展要素时空匹配度分析[J]. 中国农村水利水电(06): 38-42.

王延贵, 陈康, 陈吟, 等, 2018. 黄河流域产流侵蚀及其分布特性的变异[J]. 中国水土保持科学, 16(05): 120-128.

王玉辉, 周广胜, 蒋延玲, 等, 2001a. 基于森林资源清查资料的落叶松林生物量和净生长量估算模式[J]. 植物生态学报, 25(4): 420-425.

王玉辉, 周广胜, 蒋延玲, 2001b. 兴安落叶松林生产力模拟及其生态效益评估[J]. 应用生态学报, 12(5): 648-652.

王玉平, 2016. 天然林保护修复的实施对大夏河流域内各水文要素的影响分析[J]. 地下水, 38(05): 142-145.

王煜, 2017. 黄河流域旱情监测与水资源调配研究综述[J]. 人民黄河, 39(11): 1-4, 14.

魏洪涛, 贾冬梅, 王洪梅, 2016. 人民治理黄河70年水力发电效益分析[J]. 人民黄河, 38(12): 31-34.

魏文俊, 王兵, 牛香, 2017. 北方沙化土地退耕还林工程生态系统服务功能特征及其对农户福祉的影响研究[J]. 内蒙古农业大学学报(自然科学版), 38(2): 20-26.

魏文俊, 2014. 基于林分生长过程的辽东山区森林植被固碳潜力及其价值研究[J]. 辽宁林业科技, 3: 1-4, 17.

温小洁, 姚顺波, 2018. 黄河上中游植被覆盖与人类活动强度的时空动态演化[J]. 福建农林大学学报(自然科学版), 47(05): 607-614.

吴昌广, 2011. 气候变化背景下三峡库区植被覆盖动态及其土壤侵蚀风险研究[D]. 武汉: 华中农业大学.

谢高地, 鲁春霞, 肖玉, 等, 2003. 青藏高原高寒草地生态系统服务价值评估[J]. 山地学报, 21(1): 50-55.

谢婉君, 2013. 生态公益林水土保持生态效益遥感测定研究[D]. 福州: 福建农林大学.

许晓巍, 陈祥伟, 2007. 林分蓄积量与其静态持水能力关系的研究[J]. 防护林科技, 3: 32-35.

颜明, 贺莉, 王随继, 等, 2018. 基于NDVI的1982—2012年黄河流域多时间尺度植被覆盖变化[J]. 中国水土保持科学, 16(03): 86-94.

曾雪梅, 2016. 天然林保护修复对于加强生态建设的重要作用[J]. 农技服务, 33(09): 158, 138.

张艳艳, 2012. 黄河水沙及河床演变的多时间尺度研究[D]. 北京: 清华大学.

Fang J Y, Chen A P, Peng C H, et al, 2001. Changes in forest biomass carbon storage in China between 1949 and 1998[J]. Science, 292: 2320-2322.

Feng L, Cheng S, k, Su H, et al, 2008. A theoretical model for assessing the sustainability of ecosystem services[J]. Ecological Economy, 4: 258-265.

Gower S T, Mc Murtrie R E, Murty D, 1996. Aboveground net primary production decline with stand age: potential causes[J]. Trends in Ecology and Evolution, 11(9): 378-382.

Murty D, Mc Murtrie R E, 2000. The decline of forest productivity as stands age: a model-based method for analyzing causes for the decline[J]. Ecological Modelling, 134(2/3): 184-205.

Post W M, Emanuel W R, Zinke P J, et al, 1982. Soil carbon pools and world life zones[J]. Nature, 298: 156-159.

Song C H, Woodcock C E, 2003. A regional forest ecosystem carbon budget model: impacts of forest age structure and land-use history[J]. Ecological Modelling, 164(1): 32-47.

Tekiehaimanot Z, 1991. Rainfall interception and boundary conductance in relation to trees pacing[J]. JHydrol, 123: 261-278.

Wang B, Wang D, Niu X, 2013. Past, present and future forest resources in China and the implications for carbon sequestration dynamics[J]. Journal of Food, Agriculture & Environment 11, 801-806.

Wang D, Wang B, Niu X, 2014. Effects of natural forest types on soil carbon fractions in Northeast China[J]. Journal of Tropical Forest Science, 26, 362-370.

Wang D L, Yin C Q, 2002. Functions of the root channaels in the soil system[J]. Ecology, 20, 869-874.

Yang Y H, Luo Y Q, Adrien C F, 2011. Carbon and nitrogen dynamics during forest stand development: a global synthesis[J]. New Phytologist, 190, 977-989.

Zhang W K, Wang B, Niu X, 2015. Study on the adsorption capacities for airborne particulates of landscape plants in different polluted regions in Beijing (China)[J]. International journal of Environmental Research and Public Health, 12: 9622-9638.

国家林业局, 2000. 中国林业统计指标解释[M]. 北京: 中国林业出版社.

国家林业局重点工程社会经济效益监测中心, 国家林业局发展计划与资金管理司, 2004. 2003国家林业重点工程社会经济效益监测报告[R]. 北京: 中国林业出版社.

国家林业局重点工程社会经济效益监测中心, 国家林业局发展计划与资金管理司, 2005. 2004国家林业重点工程社会经济效益监测报告[R]. 北京: 中国林业出版社.

国家林业局经济发展研究中心, 国家林业局发展计划与资金管理司, 2006. 2005国家林业重点工程社会经济效益监测报告[R]. 北京: 中国林业出版社.

国家林业局经济发展研究中心, 国家林业局发展计划与资金管理司, 2007. 2006国家林业重点工程社会经济效益监测报告[R]. 北京: 中国林业出版社.

国家林业局经济发展研究中心, 国家林业局发展计划与资金管理司, 2008. 2007国家林业重点工程社会经济效益监测报告[R]. 北京: 中国林业出版社.

国家林业局经济发展研究中心, 国家林业局发展计划与资金管理司, 2009. 2008国家林业重点工程社会经济效益监测报告[R]. 北京: 中国林业出版社.

国家林业局经济发展研究中心, 国家林业局发展计划与资金管理司, 2010. 2009国家林业重点工程社会经济效益监测报告[R]. 北京: 中国林业出版社.

国家林业局经济发展研究中心, 国家林业局发展计划与资金管理司, 2011. 2010国家林业重点工程社会经济效益监测报告[R]. 北京: 中国林业出版社.

国家林业局经济发展研究中心, 国家林业局发展计划与资金管理司, 2012. 2011国家林业重点工程社会经济效益监测报告[R]. 北京: 中国林业出版社.

国家林业局经济发展研究中心, 国家林业局发展计划与资金管理司, 2013. 2012国家林业重点工程社会经济效益监测报告[R]. 北京: 中国林业出版社.

国家林业局经济发展研究中心, 国家林业局发展计划与资金管理司, 2014. 2013国家林业重点工程社会经济效益监测报告[R]. 北京: 中国林业出版社.

国家林业局经济发展研究中心, 国家林业局发展计划与资金管理司, 2015. 2014国家林业重点工程社会经济效益监测报告[R]. 北京: 中国林业出版社.

何尤刚, 孔凡斌, 2008. 天然林保护工程绩效评价: 现状、问题与研究展望[J]. 生态经济(2): 147-150.

郭小年, 支玲, 谷振宾, 等, 2011. 天然林保护修复近期研究现状及后续政策研究展望[J]. 世界林业研究(1): 14-18.

贺龙云, 2013. 实施天然林保护修复保护生态环境[J]. 中国林业(14): 26.

李兆娟, 蔡琼, 2013. 改善民生实现旬阳天然林保护修复可持续发展[J]. 中国林业(12): 51.

缪光平, 周少舟, 2004. 从社会经济影响看天保政策的调整完善——关于国有重点森工企业天然林资源保护工程的抽样调查[J]. 东北林业大学学报(3): 61-66.

秦桢臻, 2013. 层层落实管护责任提升天然林保护修复管理水平[J]. 中国林业(9): 40.

沈丹丹, 龙勤, 2013. 天然林保护修复实施后云南省林业产业的构成及发展探讨[J]. 中国林业经济(6): 12-13.

周少舟, 2008. 天然林资源保护工程效益评价[D]. 北京: 中国林业科学研究院.

支玲, 范少君, 李谦, 等, 2013. 农户公益林区划意愿实证分析: 以天然林保护修复区武隆县和玉龙县为例[J]. 林业经济(8): 106-109.

中华人民共和国财政部. 财政支出绩效评价管理暂行办法[Z]. 北京: 2011-04-02

周彬, 2011. 西南林区天然林资源动态及恢复对策研究[D]. 北京: 中国林业科学研究院.